家用电器故障维修速查全书

# 图解液晶电视机故障维修
## 速查大全

>>> 陈铁山 主编

U0258479

化学工业出版社

·北京·

本书采用图文解说的方式，全面介绍了不同品牌液晶电视机主流机型的故障检修，包括故障现象、故障部位、故障元器件、故障检修的图解说明、检修要点与维修技巧等内容。本书按液晶电视机的品牌分大类，再按机型分节汇编，机型涵盖面全，内容简明扼要，维修图补充解说，故障查找迅速，维修方法明确。书末还汇编了液晶电视机工厂模式速查和典型代表机型电路原理参考图等实用资料，供读者参考。

本书适合液晶电视机专业维修技术人员、学习使用，也可供职业学校相关专业的师生参考。

**图书在版编目（CIP）数据**

图解液晶电视机故障维修速查大全/陈铁山主编.
北京：化学工业出版社，2015.5（2025.1 重印）
（家用电器故障维修速查全书）
ISBN 978-7-122-21785-1

Ⅰ.①图… Ⅱ.①陈… Ⅲ.①液晶电视机-维修-
图解 Ⅳ.①TN949.192-64

中国版本图书馆 CIP 数据核字（2014）第 207501 号

责任编辑：李军亮 　　　　　　　　　文字编辑：吴开亮
责任校对：宋　夏 　　　　　　　　　装帧设计：刘丽华

出版发行：化学工业出版社（北京市东城区青年湖南街 13 号　邮政编码 100011）
印　　刷：北京云浩印刷有限责任公司
装　　订：三河市振勇印装有限公司
850mm×1168mm　1/32　印张 12¾　字数 328 千字
2025 年 1 月北京第 1 版第 13 次印刷

购书咨询：010-64518888 　　　　　　　售后服务：010-64518899
网　　址：http://www.cip.com.cn
凡购买本书，如有缺损质量问题，本社销售中心负责调换。

定　　价：38.00 元

对于广大维修人员，特别是初学维修人员来说，没有维修经验，身边有一套机型全面新颖的维修手册则会起到事半功倍的效果。本书从多种渠道收集多种液晶电视机的详细资料，加上同行维修的实用经验，将每一种液晶电视机的每个机型所需要的重要维修资料、维修数据和相关图片汇编成册，方便维修人员特别是初学维修人员随身携带，将会大大降低液晶电视机的维修难度。此书旨在解决广大维修人员具体机型资料太少的困难，同时，满足广大维修人员，特别是上门维修人员对随身速查手册的需求。

本书具有以下特点。

机型全面，侧重品牌，既全面汇总机型，又突出重点品牌。

省略分析，直指故障，维修需要的是结果，本书省略过程，直指故障，不拖泥带水，将故障现象与损坏的元器件直接关联。

图文解说，立竿见影，大多数实例故障附图解说，在图中均指出故障元器件，一目了然。

快速查阅，随身手册，全书从形式到内容都体现"快速"二字，真正做到拿来就用，一用则灵。

本书由陈铁山主编，张新春、张利平、陈金桂、刘晔、张云坤、王光玉、王娇、刘运和、陈秋玲、刘桂华、张美兰、周志英、张新德、刘玉华、刘文初、刘爱兰、张健梅、袁文初、张冬生、王灿等也参加了部分内容的编写、翻译、排版、资料收集、整理和文字录入等工作。

由于笔者水平有限，书中不妥之处在所难免，敬请广大读者指评指正。

编　者

**目 录**

## 第三章　创维液晶电视机　139

## 第四章　康佳液晶电视机　⑱⑧⑴

## 第五章　厦华液晶电视机　228

## 第六章　海信液晶电视机　　252

## 第七章　松下液晶电视机　306

## 第八章　海尔液晶电视机　320

## 附录　329

# 第 ① 章

# 长虹液晶电视机

# 第一节 长虹 PT32600 型

**1.故障现象：不开机、电源指示灯不亮**

（1）**故障维修**：此类故障属 ZD121 漏电，更换 ZD121 即可。

（2）**图文解说**：检修时重点检测电源管理芯片 IC701 第⑰脚电压值。ZD121 相关电路如图 1-1 所示。

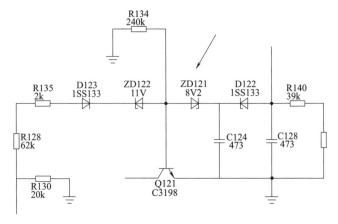

图 1-1 ZD121 相关电路图

**2.故障现象：不开机**

（1）**故障维修**：此类故障属二极管 D203（1N4148）短路，更换 D203 即可。

（2）**图文解说**：检修时重点检测 LA7809 输出和输入是否正常。D203 相关电路如图 1-2 所示。

**3.故障现象：黑屏**

（1）**故障维修**：此类故障属电容 C151 漏电、保险电阻 F4 开路，更换 C151、F4 即可。

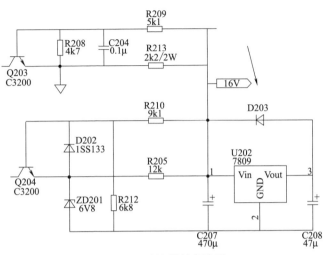

图 1-2　D203 相关电路图

（2）**图文解说**：检修时重点检测 Y 板的插座 P3 上的第一脚电压值。C151 相关电路如图 1-3 所示。

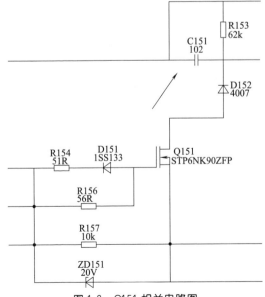

图 1-3　C151 相关电路图

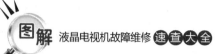
### 4.故障现象：自动关机、指示灯不亮

（1）**故障维修**：此类故障属 ZD122 漏电，将 11V 稳压管代换为 12V 即可。

（2）**图文解说**：检修时重点检测排插 P814 上的电压值（正常为 5V 左右）。ZD122 相关电路如图 1-4 所示。

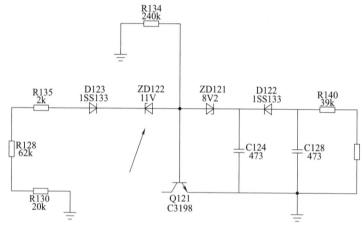

图 1-4　ZD122 相关电路图

### 5.故障现象：TV 状态收台减少

（1）**故障维修**：此类故障属整流二极管 D76、D77 漏电，更换后即可排除故障。

（2）**图文解说**：检修时重点检测高频调谐器 U28 第②脚的供电电压值（正常为 33V 左右）。D76、D77 相关电路如图 1-5 所示。

### 6.故障现象：无光栅、无声音、无图像、指示灯不亮

（1）**故障维修**：此类故障属 X701（8MHz）不良，更换后即可排除故障。

（2）**图文解说**：检修时重点检测 U205 第④脚电平（正常为高电平）。X701 相关电路如图 1-6 所示。

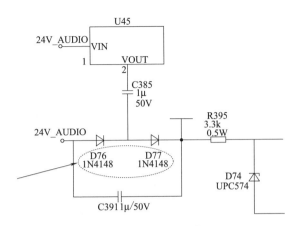

图 1-5　D76、D77 相关电路图

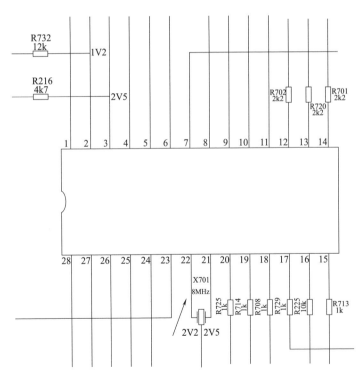

图 1-6　X701 相关电路图

## 7.故障现象：通电开机后黑屏

（1）故障维修：此类故障属 Q2 击穿、C16 漏电，更换后即可排除故障。

（2）图文解说：检修时重点检测 Y 板上的测试点 FL35 处的工作电压值（正常为 63V 左右）。Q2、C16 相关电路如图 1-7 所示。

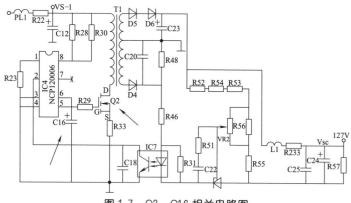

图 1-7　Q2、C16 相关电路图

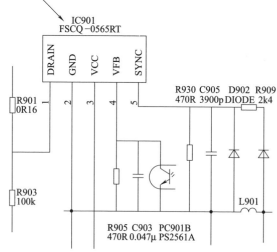

图 1-8　IC901 相关电路图

## 8.故障现象：保护关机

（1）**故障维修：** 此类故障属 IC901（FSCQ-0565RT）性能不良，更换后即可排除故障。

（2）**图文解说：** 检修时重点检测电源管理集成电路 IC701 第⑯脚输出电压值（正常为 5V 左右）。IC901 相关电路如图 1-8 所示。

# 第二节　长虹 LT3218 型

## 1.故障现象：蓝屏且搜不到台

（1）**故障维修：** 此类故障属 L201 电感开路，更换即可排除故障。

（2）**图文解说：** 检修时重点检查 TDA15063 的第⑮脚。电感 L201 相关电路如图 1-9 所示。

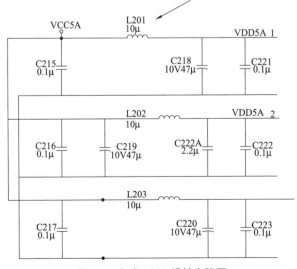

图 1-9　电感 L201 相关电路图

## 2.故障现象：图像缺红色

（1）**故障维修**：此类故障属电感 L172（2.2$\mu$H）开路，更换即可排除故障。

（2）**图文解说**：检修时重点检查由 Q171/Q172/Q173 组成的基色放大电路。电感 L172 相关电路如图 1-10 所示。

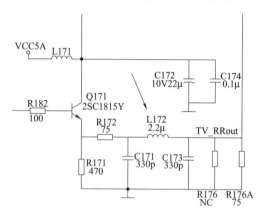

图 1-10　电感 L172 相关电路图

## 3.故障现象：TV 信号弱

（1）**故障维修**：此类故障属电容 C214 变质，更换后即可排除故障。

（2）**图文解说**：检修时重点检查 AGC 控制电路。C214 相关电

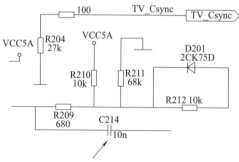

图 1-11　C214 相关电路图

路如图 1-11 所示。

### 4.故障现象：不能二次开机

（1）**故障维修：** 此类故障属电容 C821 变质，更换后即可排除
故障。

（2）**图文解说：** 检修时重点检测电源输出的各电压值。C821
相关电路如图 1-12 所示。

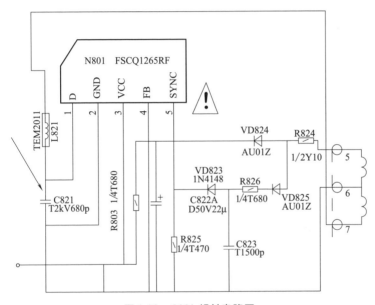

图 1-12　C821 相关电路图

# 第三节　长虹 LT32710 型

### 1.故障现象：声音时有时无

（1）**故障维修：** 此类故障属电阻 R222 阻值变大，更换后即可
排除故障。

（2）**图文解说：** 检修时重点检测 U19 第⑱脚电压（正常为 3.3V 左右）。R222 相关电路如图 1-13 所示。

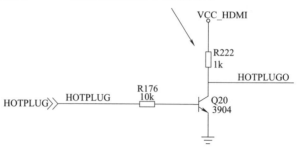

图 1-13　R222 相关电路图

## 2.故障现象：背光正常但无图像无字符显示

（1）**故障维修：** 此类故障属电容 C10（0.1$\mu$F）不良，更换后即可排除故障。

（2）**图文解说：** 检修时重点测试 U4 第②、④脚电压值（正常时应低于第①、③脚的 12V 电压）。C10 相关电路如图 1-14 所示。

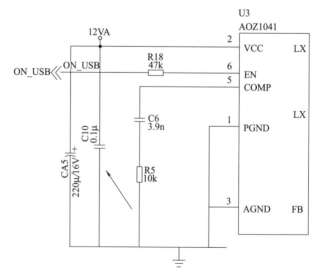

图 1-14　C10 相关电路图

## 3.故障现象：不能开机

（1）**故障维修：**此类故障属 U13 不良，更换后即可排除故障。

（2）**图文解说：**检修时重点检测 U13 第⑨脚电压（正常为高电平）。U13 相关电路如图 1-15 所示。当晶振 Y1 损坏时也会出现类似现象。

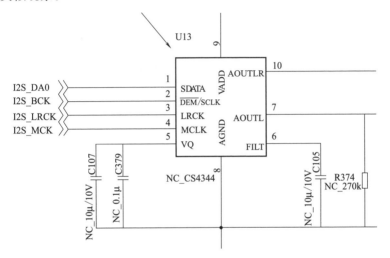

图 1-15　U13 相关电路图

## 4.故障现象：二次开机后背光灯亮，屏幕上无字符无图像显示

（1）**故障维修：**此类故障属 FB2 阻值变大，更换后即可排除故障。

（2）**图文解说：**检修时重点检测 U13 的 VDDP 电压（正常为3.3V）。FB2 相关电路如图 1-16 所示。

## 5.故障现象：二次开机后图声正常，1min 左右后黑屏

（1）**故障维修：**此类故障属电容 C328 损坏，更换后即可排除故障。

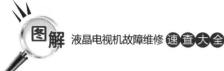

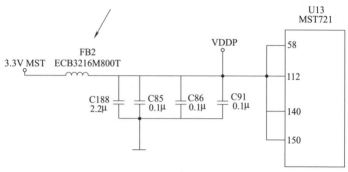

图 1-16　FB2 相关电路图

（2）**图文解说**：检修时重点测试 OZ904 的第⑨脚电压值（正常为 1.26V 左右）。C328 相关电路如图 1-17 所示。

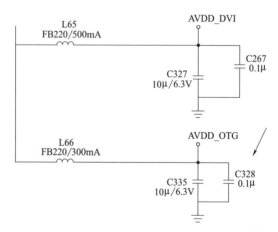

图 1-17　C328 相关电路图

### 6.故障现象：二次开机后指示灯闪后黑屏

（1）**故障维修**：此类故障属电阻 R196 不良，用 $10k\Omega$ 的电阻更换即可排除故障。

（2）**图文解说**：检修时重点检测 D8 的两个正端电压（正常为 2.4V 和 2.6V）。R196 相关电路如图 1-18 所示。

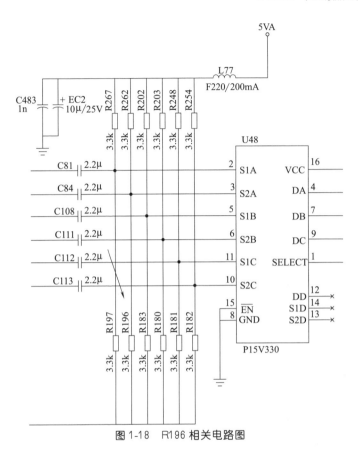

图 1-18　R196 相关电路图

**7.故障现象：二次开机无光栅，声音正常**

（1）**故障维修：**此类故障属 R9 至 MST721 第㉕脚之间的印制线过孔不良，穿孔补焊后即可排除故障。

（2）**图文解说：**检修时重点检测 CON1 第⑨脚电压值。R9 相关电路如图 1-19 所示。

**8.故障现象：黑屏**

（1）**故障维修：**此类故障属电容 CA41 漏电，更换后即可排除

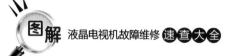

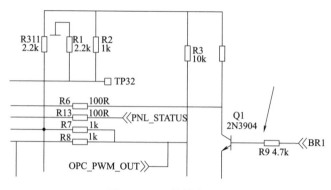

图 1-19　R9 相关电路图

故障。

（2）**图文解说**：检修时重点检测 VGHP 电压（正常为 23V）。CA41 相关电路如图 1-20 所示。

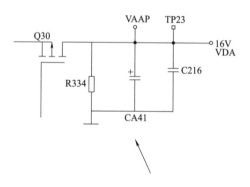

图 1-20　CA41 相关电路图

### 9.故障现象：黑屏背光灯不亮

（1）**故障维修**：此类故障属 Q3 集电极电压异常，更换后即可排除故障。

（2）**图文解说**：检修时重点检测 CON1 第⑪脚电压（正常为 1～3V 跳变）。Q3 相关电路如图 1-21 所示。

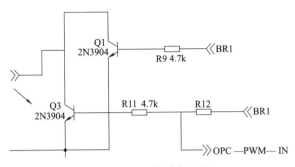

图 1-21　Q3 相关电路图

### 10.故障现象：花屏

（1）**故障维修**：此类故障属存储器 U14（24C32A）不良，更换后即可排除故障。

（2）**图文解说**：检修时重点检测 Q28 的 VGH 电压（正常为 18.9V）。U14 相关电路如图 1-22 所示。当二极管 D53、D54 失效也会出现类似现象。

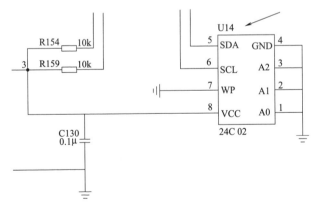

图 1-22　U14 相关电路图

### 11.故障现象：换台时左声道扬声器有异响

（1）**故障维修**：此类故障属电容 C157（1μF）不良，更换后

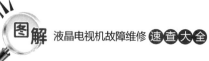

即可排除故障。

（2）**图文解说**：检修时重点检测耦合电容 C156 和 C157。
C157 相关电路如图 1-23 所示。

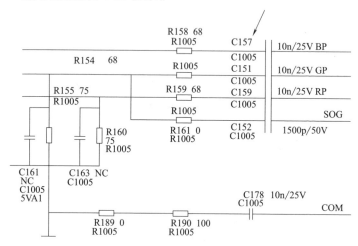

图 1-23　C157 相关电路图

**12.故障现象：** 能接收 TV 信号但跑台

（1）**故障维修**：此类故障属电容 C81 不良，更换后即可排除故障。

（2）**图文解说**：检修时重点检测高频头 U11 第⑦脚供电（正常为 5V）。C81 相关电路如图 1-24 所示。

**13.故障现象：** 屏幕左边有不规则的暗竖线

（1）**故障维修**：此类故障属 Q30 损坏，更换后即可排除故障。

（2）**图文解说**：检修时重点检测 VDA 电压（正常为 16V）。Q30 相关电路如图 1-25 所示。

**14.故障现象：** 无声音

（1）**故障维修**：此类故障属 U19 不良，更换后即可排除故障。

（2）**图文解说**：检修时重点检测 U19 各脚电压。U19 相关电

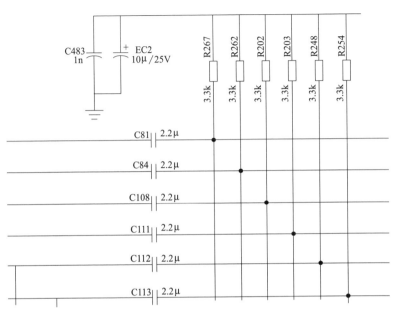

图 1-24　C81 相关电路图

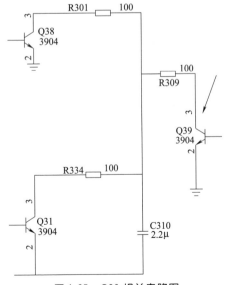

图 1-25　Q30 相关电路图

路如图 1-26 所示。

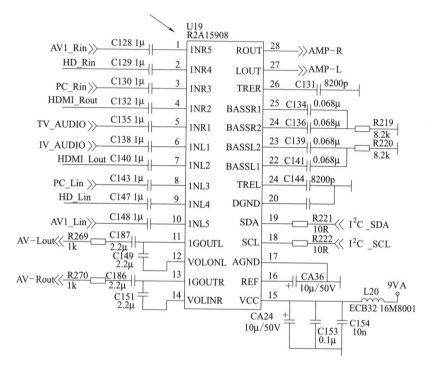

图 1-26　U19 相关电路图

### :::: 15.故障现象：无图屏闪，有不规则彩条

（1）**故障维修**：此类故障属电阻 R348 阻值变大，更换后即可排除故障。

（2）**图文解说**：检修时重点检测 VDD 电压（正常为 2.5V）。R348 相关电路如图 1-27 所示。

### :::: 16.故障现象：音量不受控

（1）**故障维修**：此类故障属 R22（10Ω）电阻开路，更换后即可排除故障。

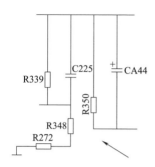

图 1-27　R348 相关电路图

（2）**图文解说**：检修时重点检测 U19（R2A15908）第⑲脚电压（正常为 3.2V 左右）。R22 相关电路如图 1-28 所示。

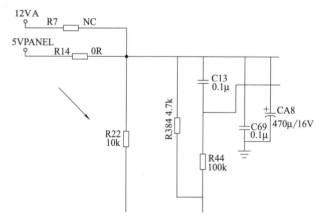

图 1-28　R22 相关电路图

## 17.故障现象：指示灯亮但二次不能开机

（1）**故障维修**：此类故障属 U2（MP2359）不良，更换后即可排除故障。

（2）**图文解说**：检修时重点检测 U2 电压值。U2（MP2359）相关电路如图 1-29 所示。

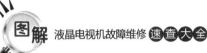

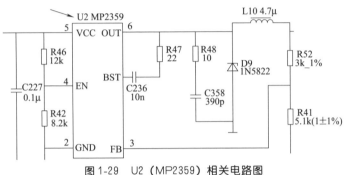

图 1-29　U2（MP2359）相关电路图

# 第四节　长虹 LT32729 型

**1.故障现象：** 通电开机时指示灯一直为红绿交替闪烁，不能二次开机

（1）**故障维修：** 此类故障属滤波电容 C229（$10\mu F/6.3V$）漏电，更换后即可排除故障。

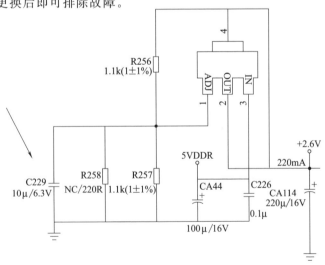

图 1-30　C229 相关电路图

（2）**图文解说**：检修时重点检测 U28 第①脚 ADJ 反馈电压（正常为 1.32V 左右）。C229 相关电路如图 1-30 所示。

### 2.故障现象：开机花屏、字符不正常

（1）**故障维修**：此类故障属网络电阻 RP33 焊头断裂，更换后即可排除故障。

（2）**图文解说**：检修时重点检测 RP33 对地电阻值。RP33 相关电路如图 1-31 所示。

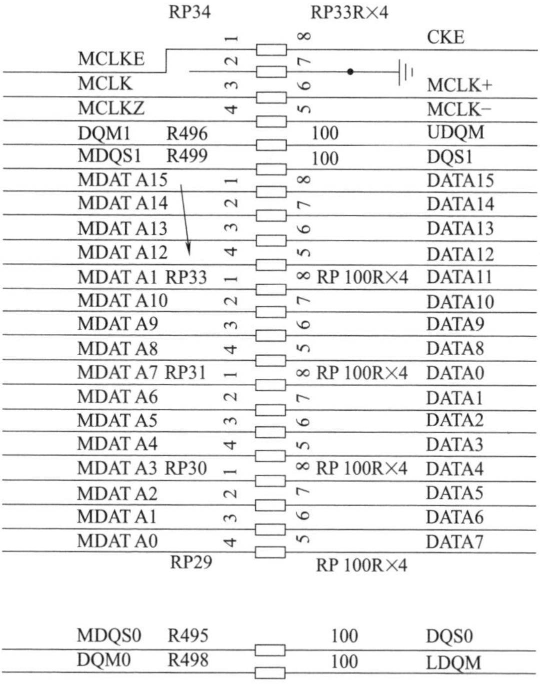

| RP34 | | RP33R×4 | |
|---|---|---|---|
| | 1 | 8 | CKE |
| MCLKE | 2 | 7 | |
| MCLK | 3 | 6 | MCLK+ |
| MCLKZ | 4 | 5 | MCLK− |
| DQM1 R496 | | 100 | UDQM |
| MDQS1 R499 | | 100 | DQS1 |
| MDAT A15 | 1 | 8 | DATA15 |
| MDAT A14 | 2 | 7 | DATA14 |
| MDAT A13 | 3 | 6 | DATA13 |
| MDAT A12 | 4 | 5 | DATA12 |
| MDAT A1 RP33 | 1 | 8 RP 100R×4 | DATA11 |
| MDAT A10 | 2 | 7 | DATA10 |
| MDAT A9 | 3 | 6 | DATA9 |
| MDAT A8 | 4 | 5 | DATA8 |
| MDAT A7 RP31 | 1 | 8 RP 100R×4 | DATA0 |
| MDAT A6 | 2 | 7 | DATA1 |
| MDAT A5 | 3 | 6 | DATA2 |
| MDAT A4 | 4 | 5 | DATA3 |
| MDAT A3 RP30 | 1 | 8 RP 100R×4 | DATA4 |
| MDAT A2 | 2 | 7 | DATA5 |
| MDAT A1 | 3 | 6 | DATA6 |
| MDAT A0 | 4 | 5 | DATA7 |
| RP29 | | RP 100R×4 | |
| MDQS0 R495 | | 100 | DQS0 |
| DQM0 R498 | | 100 | LDQM |

图 1-31　RP33 相关电路图

### 3.故障现象：冷机不能开机

（1）**故障维修**：此类故障属 U12 虚焊，补焊后即可排除故障。

（2）**图文解说**：检修时重点检测 CPU 供电。U12 相关电路如图 1-32 所示。

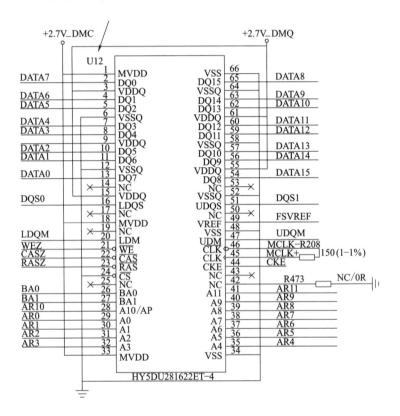

图 1-32　U12 相关电路图

**4.故障现象：电源指示灯不停闪烁，不能二次开机**

（1）**故障维修**：此类故障属电阻 R223（10kΩ）变质，更换后即可排除故障。

（2）**图文解说**：检修时重点检测 U12 第⑩脚基准电压（正常为 1.25V 左右）。R223 相关电路如图 1-33 所示。

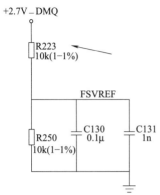

图 1-33 R223 相关电路图

# 第五节 长虹 LT3212 型

## 1.故障现象：开机黑屏

（1）**故障维修**：此类故障属二极管 D5 开路，更换后即可排除故障。

（2）**图文解说**：检修时重点检测 T-CON 板的工作电压（正常为 12V 左右）。D5 相关电路如图 1-34 所示。当对地分压电阻 R16（549Ω）虚焊时也会出现类似现象。

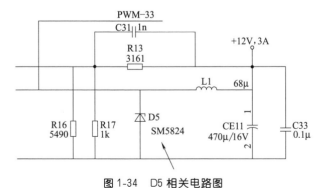

图 1-34 D5 相关电路图

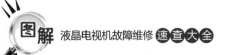

## 2.故障现象：不开机、指示灯不亮

（1）**故障维修**：此类故障属 FB5 开路，更换后即可排除故障。

（2）**图文解说**：检修时重点检测主芯片 U11 供电（正常为 3.3V 左右）。FB5 相关电路如图 1-35 所示。

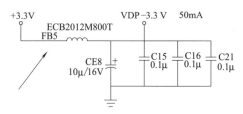

图 1-35　FB5 相关电路图

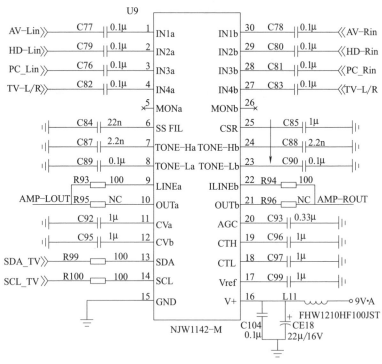

图 1-36　R94 相关电路图

**3.故障现象：图像灯闪烁，不开机**

（1）**故障维修**：此类故障属电阻 R94 开路，更换后即可排除故障。

（2）**图文解说**：检修时重点检测 J1 第⑨、⑩脚电压（正常为 +24V）。R94 相关电路如图 1-36 所示。

**4.故障现象：图像暗淡**

（1）**故障维修**：此类故障属电感 L100（3.3$\mu$H）不良，更换后即可排除故障。

（2）**图文解说**：检修时重点检测主控电路 MST718BU 的第 ㉜、㉝脚的视频信号幅度。L100 相关电路如图 1-37 所示。

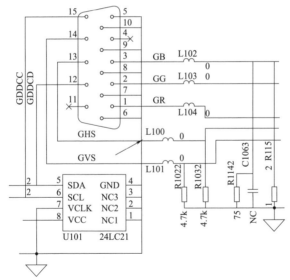

图 1-37　L100 相关电路图

**5.故障现象：图像不稳定且跑台**

（1）**故障维修**：此类故障属电容 C105（0.1$\mu$F/50V）不良，

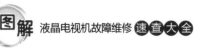

更换后即可排除故障。

（2）**图文解说**：检修时重点检测高频头 AGC 电压、总线控制信号电压、SV 工作电压。C105 相关电路如图 1-38 所示。

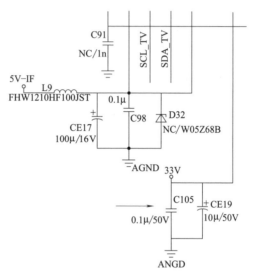

图 1-38 C105 相关电路图

## 6.故障现象：自动搜索有漏台

（1）**故障维修**：此类故障属 U300 变质，更换后即可排除故障。

（2）**图文解说**：检修时重点检测 U300 第②脚输出电压（正常时三星屏为 5V、LG 屏为 12V）。U300 相关电路如图 1-39 所示。

## 7.故障现象：待机时红色指示灯不亮

（1）**故障维修**：此类故障属 JP701 插座下过孔不通，拔掉 JP701 并经穿孔处理后即可排除故障。

（2）**图文解说**：检修时重点检测 U800 第②脚电压（正常为 3.3V）。JP701 相关电路如图 1-40 所示。

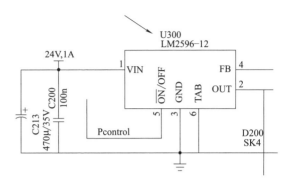

图 1-39　U300 相关电路图

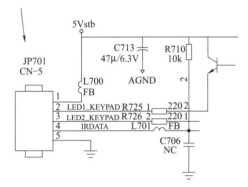

图 1-40　JP701 相关电路图

### 8.故障现象：TV 无台

（1）**故障维修**：此类故障属电感 L206 开路，更换后即可排除故障。

（2）**图文解说**：检修时重点检测 TV 板上 U602 第⑦脚供电（正常为 5V 左右）。L206 相关电路如图 1-41 所示。

### 9.故障现象：图像中间蓝色重，两边颜色正常但很淡，有部分台完全没有彩色，有部分台闪动彩色条纹

（1）**故障维修**：此类故障属晶振 Z300（24576kHz）不良，更换后即可排除故障。

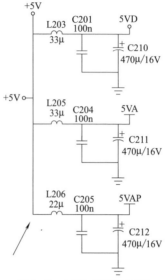

图 1-41　L206 相关电路图

（2）**图文解说**：检修时重点检测 Z300 频率。Z300 相关电路如图 1-42 所示。

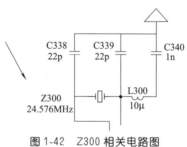

图 1-42　Z300 相关电路图

# 第六节　长虹 LT32600 型

**1.故障现象：无光栅、无声音、无图像、指示灯不亮**

（1）**故障维修**：此类故障属 D17 开路，更换后即可排除故障。

（2）**图文解说**：检修时重点检测副电源待机电压（正常为 5V
左右）。D17 相关电路如图 1-43 所示。

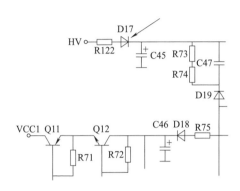

图 1-43　D17 相关电路图

:::::: **2.故障现象：** 开机黑屏，指示灯亮

（1）**故障维修**：此类故障属电阻 R13 不良，更换后即可排除
故障。

（2）**图文解说**：检修时重点检测电源初级集成电路 L6599D 第
⑦脚电压（正常为 24V 左右）。R13 相关电路如图 1-44 所示。

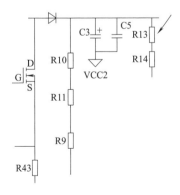

图 1-44　R13 相关电路图

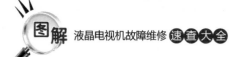

**3.故障现象:** 指示灯闪烁,红色指示灯亮,用遥控器和本机按键均不能开机

(1) **故障维修:** 此类故障属 R76 开路,更换后即可排除故障。

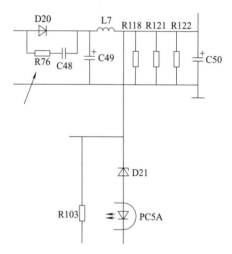

图 1-45　R76 相关电路图

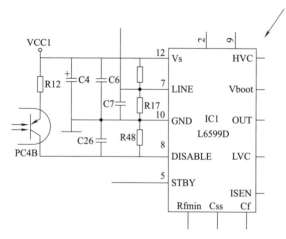

图 1-46　L6599D 相关电路图

（2）**图文解说**：检修时重点检测 U9 第⑬脚的电平（正常为低电平）。R76 相关电路如图 1-45 所示。

**4.故障现象**：二次开机指示灯闪烁，无光栅无声音

（1）**故障维修**：此类故障属集成电路 L6599D 损坏，更换后即可排除故障。

（2）**图文解说**：检修时重点检测 L6599D 第⑫脚电压（正常为12.3V）。L6599D 相关电路如图 1-46 所示。

# 第七节　长虹 LT42710FHD 型

**1.故障现象**：LT42710FHD 型无法读取 USB

（1）**故障维修**：此类故障属 U31 不良，更换后即可排除故障。

（2）**图文解说**：检修时重点检测 U31。U31 相关电路如图 1-47所示。

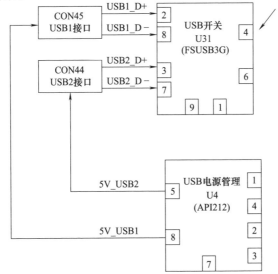

图 1-47　U31 相关电路图

## 2.故障现象：长虹 LT42710FHD 型自动开关机

（1）**故障维修**：此类故障属电容 C64 漏电，更换后即可排除故障。

（2）**图文解说**：检修时重点检测 Q30 基极电压（正常为 1.5V 左右）。C64 相关电路如图 1-48 所示。

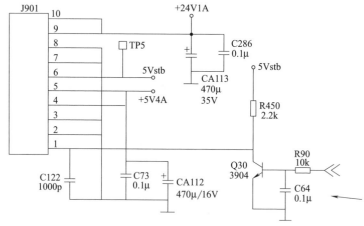

图 1-48　C64 相关电路图

## 3.故障现象：长虹 LT42710FHD 型二次不开机

（1）**故障维修**：此类故障属 U17（MP2359）不良，更换后即可排除故障。

（2）**图文解说**：检修时重点检测电感 L72 输出端的滤波电容 C345 上的电压（正常为 1.24V 左右）。U17 相关电路如图 1-49 所示。

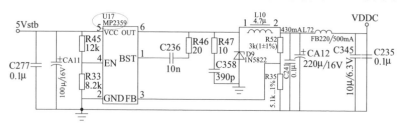

图 1-49　U17 相关电路图

# 第八节　长虹 LT32866 型

## 1.故障现象：主电源 12V、24V 输出电压过低

（1）**故障维修**：此类故障属 IC807 不良，更换后即可排除故障。

（2）**图文解说**：检修时重点检测 IC807。

## 2.故障现象：屡烧主电源厚膜块 STR-X6759N

（1）**故障维修**：此类故障属 C807 不良，更换后即可排除故障。

（2）**图文解说**：检修时重点检测 C807。C807 相关电路如图 1-50所示。

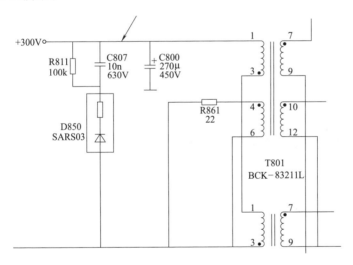

图 1-50　C807 相关电路图

## 3.故障现象：开机后指示灯不亮，呈无光栅、无声音、无图像状态

（1）**故障维修**：此类故障属电解电容 C823 漏电，更换后即可

排除故障。

(2) **图文解说：** 检修时重点检测 C823。C823 相关电路如图 1-51所示。

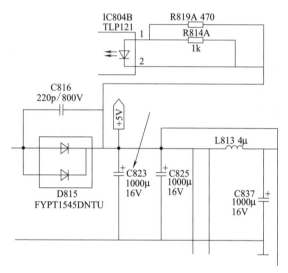

图 1-51　C823 相关电路图

### 4.故障现象：通电后指示灯亮不开机

(1) **故障维修：** 此类故障属 IC801 不良，更换后即可排除故障。

(2) **图文解说：** 检修时重点检测电源电压输出 12V、24V。IC801 相关电路如图 1-52 所示。

### 5.故障现象：无光栅、无声音、无图像

(1) **故障维修：** 此类故障属电解电容 C815 损坏，更换后即可排除故障。

(2) **图文解说：** 检修时重点检测 IC808 的第②脚电压（正常为 4.42V）。C815 相关电路如图 1-53 所示。

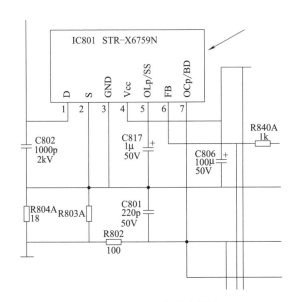

图 1-52　IC801 相关电路图

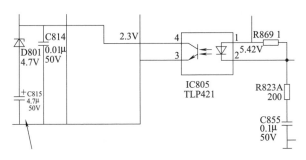

图 1-53　C815 相关电路图

## ::::::6.故障现象：无 12V、24V 电压输出

（1）**故障维修**：此类故障属 C810 不良，更换后即可排除故障。

（2）**图文解说**：检修时重点检测 Q801 发射极电压（正常为 22V）。C810 相关电路如图 1-54 所示。

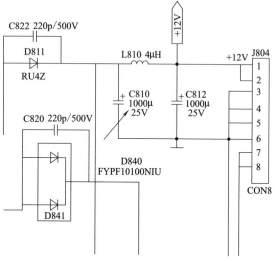

图 1-54　C810 相关电路图

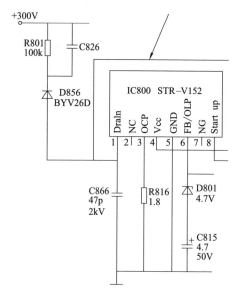

图 1-55　IC800 相关电路图

**7.故障现象：** **保险管正常，开关电源无电压输出**

（1）**故障维修：** 此类故障属 IC800 损坏，更换后即可排除故障。

（2）**图文解说：** 检修时重点检测 IC800 第④脚电压（正常为17V 左右）。IC800 相关电路如图 1-55 所示。

**8.故障现象：** **副电源输出电压低于 5V**

（1）**故障维修：** 此类故障属 IC805 不良，更换后即可排除故障。

（2）**图文解说：** 检修时重点检测 IC805。IC805 相关电路如图1-56 所示。

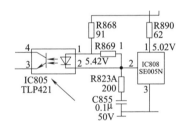

图 1-56　IC805 相关电路图

# 第九节　长虹其他机型

**1.故障现象：** **长虹 LT24630X 型空载正常、带负载背光灯闪**

（1）**故障维修：** 此类故障属 C115 不良，更换后即可排除故障。

（2）**图文解说：** 检修时重点检测 C115。C115 相关电路如图 1-57所示。

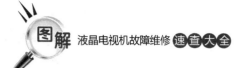

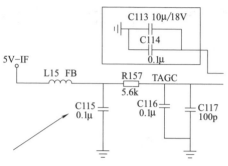

图 1-57　C115 相关电路图

## 2.故障现象：长虹 CHD5190 型无图蓝屏

（1）**故障维修**：此类故障属 R432 不良，更换后即可排除故障。

（2）**图文解说**：检修时重点检测 V406 的 C 极电压（正常为 2.1V）。R432 相关电路如图 1-58 所示。

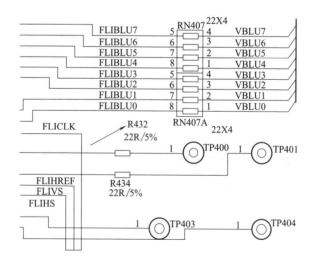

图 1-58　R432 相关电路图

### 3.故障现象：长虹 CHD-TD320F8 型无彩色

（1）**故障维修**：此类故障属 Y201 不良，更换后即可排除故障。

（2）**图文解说**：检修时重点检测晶振 Y201。Y201 相关电路如图 1-59 所示。

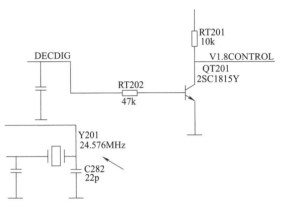

图 1-59　Y201 相关电路图

### 4.故障现象：长虹 CHD-W260FB 型打开电源后指示灯蓝色，无声音、无图像

（1）**故障维修**：此类故障属 U506 不良，更换后即可排除故障。

（2）**图文解说**：检修时重点检测 U506 的输出对地电阻（正常为 400 多欧）。U506 相关电路如图 1-60 所示。

### 5.故障现象：长虹 CHD-W260FB 型有字符、图像黑屏

（1）**故障维修**：此类故障属 L404 开路，更换后即可排除故障。

（2）**图文解说**：检修时重点检测 TDA8759 的 ㊇、㊈ 脚电压（正常为 1.8V）。L404 相关电路如图 1-61 所示。

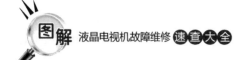

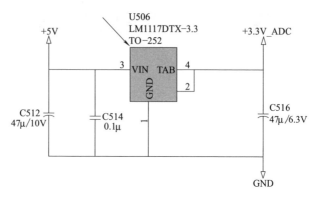

图 1-60 U506 相关电路图

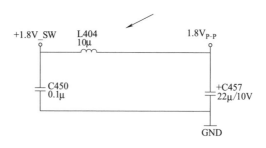

图 1-61 L404 相关电路图

### 6.故障现象：长虹 ITV32820F 型乐教状态图像偏红

（1）故障维修：此类故障属 U24 不良，更换后即可排除故障。

（2）图文解说：检修时重点检测 U24。U24 相关电路如图 1-62所示。

### 7.故障现象：长虹 LT26510 型无光栅、无声音、无图像、指示灯不亮

（1）故障维修：此类故障属电阻 R904 损坏，用 680kΩ/2W 电阻代换后即可排除故障。

（2）图文解说：检修时重点检测副电源输出电压（正常为 5V

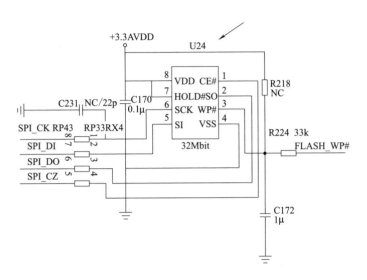

图 1-62　U24 相关电路图

左右）。R904 相关电路如图 1-63 所示。当限流电阻 NR901 烧断时也会出现类似故障。

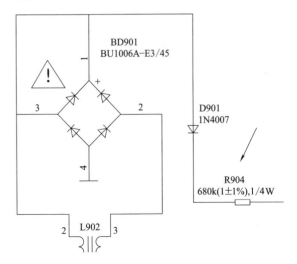

图 1-63　R904 相关电路图

**8.故障现象：** 长虹 LT26510 型无光栅、无声音、无图像、指示灯亮后熄灭

（1）**故障维修：** 此类故障属 IC970 不良，更换后即可排除故障。

（2）**图文解说：** 检修时重点检测主开关电源输出电压（正常为24V）。IC970 相关电路如图 1-64 所示。

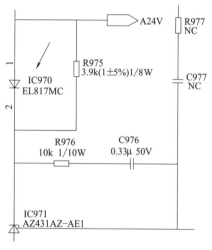

图 1-64　IC970 相关电路图

**9.故障现象：** 长虹 LT32518 型白屏

（1）**故障维修：** 此类故障属 U22（MPS1411）性能不良，更换后即可排除故障。

（2）**图文解说：** 检修时重点检测 DC-DC 电压变换电路 U22（MPS1411）的输出电压值（正常为 1.2V 左右）。U22 相关电路如图 1-65 所示。

**10.故障现象：** 长虹 LT32518 型不开机

（1）**故障维修：** 此类故障属 U18（IPM810）性能不良，更换后即可排除故障。

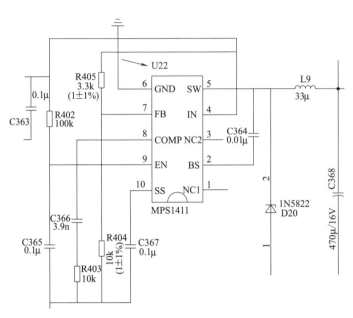

**图 1-65  U22 相关电路图**

（2）**图文解说**：检修时重点测量 U1（SVP-AX68）的第⑦⑧脚的复位电压值（正常为 3.3V 左右）。U18 相关电路如图 1-66 所示。

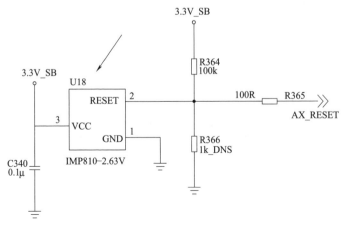

**图 1-66  U18 相关电路图**

**11.故障现象：长虹 LT32518 型花屏**

（1）**故障维修**：此类故障属贴片电容 C173（0.1μF）漏电，更换后即可排除故障。

（2）**图文解说**：检修时重点检测存储器 U7（8MX16DDR）第㊾脚电压值（正常为 1.2V 左右）。C173 相关电路如图 1-67 所示。

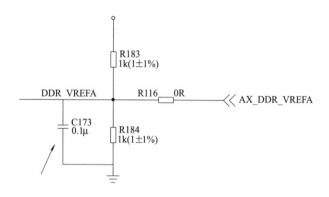

图 1-67 C173 相关电路图

**12.故障现象：长虹 LT32518 型无图像**

（1）**故障维修**：此类故障属 U17（IFR7404）失效，更换后即可排除故障。

（2）**图文解说**：检修时重点检测 U17 第⑤、⑥、⑦、⑧脚输出电压（正常为 12V 左右）。U17 相关电路如图 1-68 所示。

**13.故障现象：长虹 LT32876 型不能开机**

（1）**故障维修**：此类故障属 U17 不良，更换后即可排除故障。

（2）**图文解说**：检修时重点检测 U17（MP2359）的输入与输出电压（正常的输入与输出电压分别为＋5V、1.2V）。U17 相关电路如图 1-69 所示。

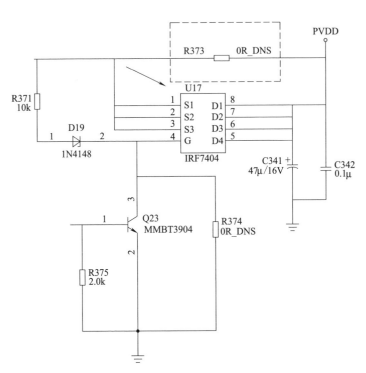

图 1-68   U17 相关电路图

## 14.故障现象：长虹 LT32876 型画面光暗

（1）故障维修：此类故障属 C59 不良，更换后即可排除故障。

（2）图文解说：检修时重点检测 C59 两端阻值（正常为 $900\Omega$ 左右）。C59 相关电路如图 1-70 所示。

## 15.故障现象：长虹 LT32876 型收不到台

（1）故障维修：此类故障属 C389 漏电，更换后即可排除故障。

（2）图文解说：检修时重点检测 U30 第③脚调谐电压（正常为 32V）。C389 相关电路如图 1-71 所示。

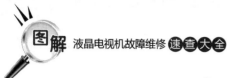
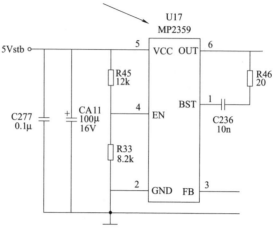

图 1-69　U17 相关电路图

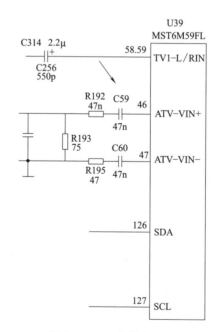

图 1-70　C59 相关电路图

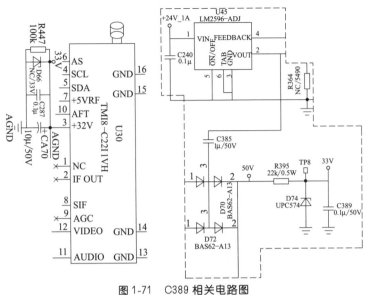

图 1-71 C389 相关电路图

## 16.故障现象：长虹 LT3788 型开机黑屏无光栅、无声音、无图像，指示灯亮

（1）故障维修：此类故障属 R13 不良，更换后即可排除故障。

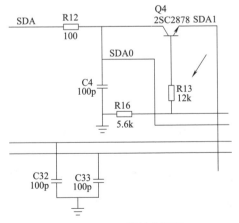

图 1-72 R13 相关电路图

（2）**图文解说：**检修时重点检测 R13。R13 相关电路如图 1-72 所示。

**17.故障现象：** 长虹 LT4018P 型图像上下重影

（1）**故障维修：**此类故障属 RN706A 不良，更换后即可排除故障。

（2）**图文解说：**检修时重点检测 RN706A。RN706 相关电路如图 1-73 所示。

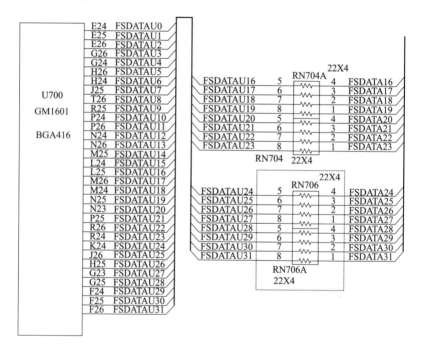

图 1-73　RN706 相关电路图

**18.故障现象：** 长虹 LT42518F 型图像有竖条干扰

（1）**故障维修：**此类故障属 U3 不良，更换后即可排除故障。

（2）**图文解说：**检修时重点检测 U3。U3 相关电路如图 1-74 所示。

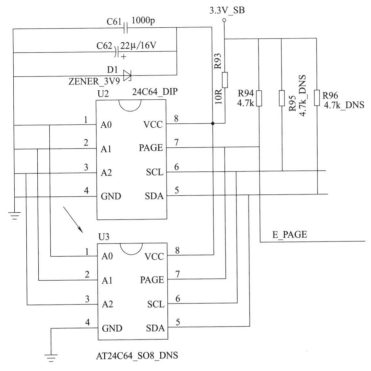

图 1-74　U3 相关电路图

### 19.故障现象：长虹 LT42810DU 型热机黑屏有声音

（1）**故障维修**：此类故障属 Q3 不良，更换后即可排除故障。

（2）**图文解说**：检修时重点检测 Q3 的基极与集电极在热机时的正反向阻值。Q3 相关电路如图 1-75 所示。

### 20.故障现象：长虹 LT4619P 型声音出现噪声

（1）**故障维修**：此类故障属电阻 R404（4.7kΩ）不良，将 4.7kΩ 改为 1.8kΩ 即可排除故障。

（2）**图文解说**：检修时重点检测主板。R404 相关电路如图 1-76 所示。

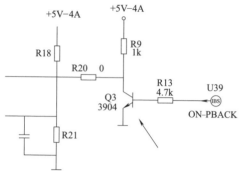

图 1-75　Q3 相关电路图

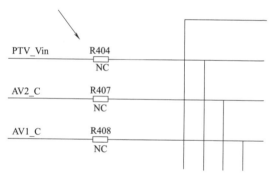

图 1-76　R404 相关电路图

### 21.故障现象：长虹 PT32700 型黑屏

（1）故障维修：此类故障属 FS3 和 C151 损坏，更换 FS3 和 C151 即可。

（2）图文解说：检修时重点检测 VS 和 AV 的电压值。C151 相关电路如图 1-77 所示。当电容 C152 击穿短路和 IC36 损坏也会出现类似故障。

### 22.故障现象：长虹 PT32700 型无声音、无图像，过一会儿自动回到待机状态

（1）故障维修：此类故障属电阻 R130 两端漏电，清理 R130

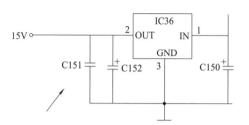

图 1-77 C151 相关电路图

处的焊盘即可。

（2）**图文解说**：检修时重点检测 PFC 电压检测电路。电阻 R130 相关电路如图 1-78 所示。

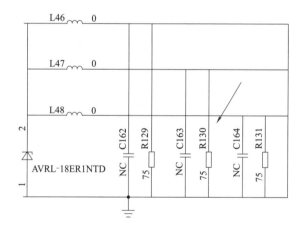

图 1-78 电阻 R130 相关电路图

**23.故障现象：长虹 PT4218 型有 PC、DVI 状态，无 TV 状态**

（1）**故障维修**：此类故障属上拉电阻 RA12（10kΩ）开路，更换后即可排除故障。

（2）**图文解说**：检修时重点检测 Q309 的 C 极电压（正常为 4.42V）。RA12 相关电路如图 1-79 所示。

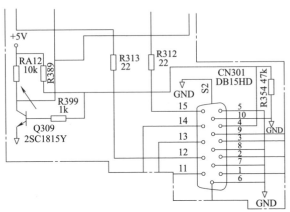

图 1-79　RA12 相关电路图

**24.故障现象：长虹 PT4288 型二次开机后马上回到待机状态**

（1）**故障维修**：此类故障属 F8002 开路和 D8032 短路，分别更换后即可排除故障。

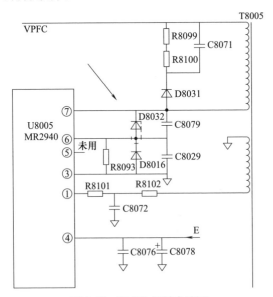

图 1-80　D8032 相关电路图

（2）**图文解说**：检修时重点检测 PFC 电压（正常为 380V）。D8032 相关电路如图 1-80 所示。

### ⋮⋮⋮ 25.故障现象：长虹 PT4288 型二次开机有时即刻回到待机状态

（1）**故障维修**：此类故障属电阻 VR8305 接触不良，更换后即可排除故障。

（2）**图文解说**：检修时重点检测待机电压（正常为 5V）。VR8305 相关电路如图 1-81 所示。

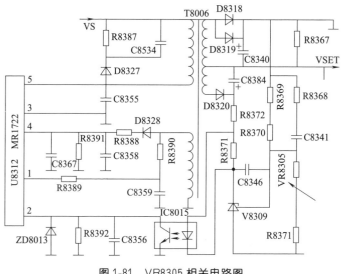

图 1-81　VR8305 相关电路图

### ⋮⋮⋮ 26.故障现象：长虹 PT4288 型开机屏上无光栅，2s 后待机保护

（1）**故障维修**：此类故障属 PC501 不良，更换后即可排除故障。

（2）**图文解说**：检修时重点检测 MCU（IC170）第㉕脚电压（正常为 4.98V）。PC501 相关电路如图 1-82 所示。

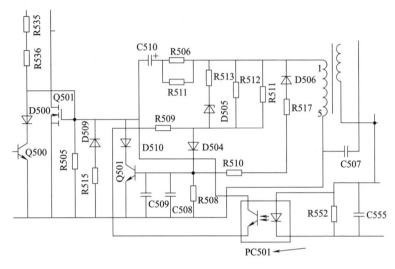

图 1-82　PC501 相关电路图

第二章

# TCL液晶电视机

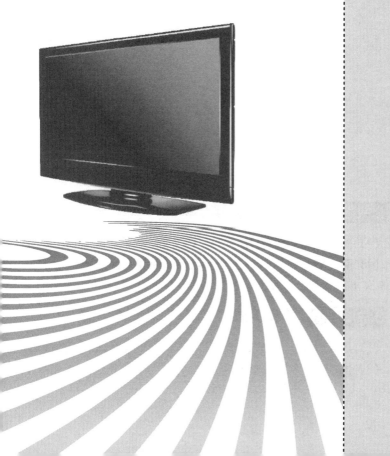

# 第一节　TCL 王牌 L32E10 型

**1.故障现象:** 待机 5V 电压通电后随即消失

（1）**故障维修:** 此类故障属电阻 R10 不良，更换后即可排除故障。

（2）**图文解说:** 检修时重点检测正反馈整流电压（正常为14.5V 左右）。R10 相关电路如图 2-1 所示。

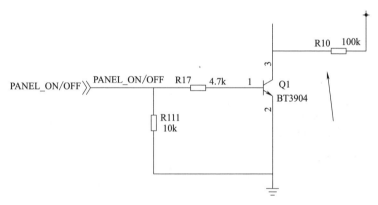

图 2-1　R10 相关电路图

**2.故障现象:** 背光不亮

（1）**故障维修:** 此类故障属电容 C1 不良，更换后即可排除故障。

（2）**图文解说:** 检修时重点检测背光板供电（正常为 24V）。C1 相关电路如图 2-2 所示。

**3.故障现象:** 灯亮不开机

（1）**故障维修:** 此类故障属 U13 不良，更换后即可排除故障。

（2）**图文解说:** 检修时重点检测 U13 输出电压（正常为2.5V）。U13 相关电路如图 2-3 所示。

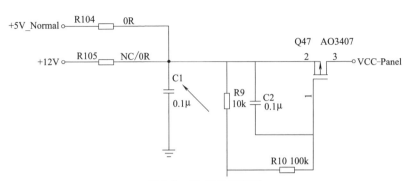

图 2-2 C1 相关电路图

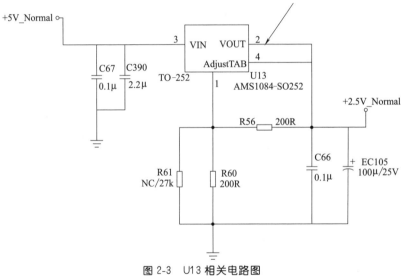

图 2-3 U13 相关电路图

# 第二节 TCL 王牌 L55V7300A-3D 型

## 1.故障现象：灯亮不开机

（1）**故障维修**：此类故障属电阻 R420、QW3、U401 不良，更换后即可排除故障。

（2）**图文解说**：检修时重点检测背光供电电压（正常为 24V）。R420 相关电路如图 2-4 所示。

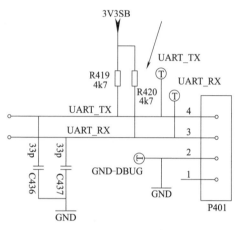

图 2-4　R420 相关电路图

**2.故障现象：有声无图**

（1）**故障维修**：此类故障属电阻 R302 变质，更换后即可排除故障。

（2）**图文解说**：检修时重点检测电源板供电（正常为 24V）。R302 相关电路如图 2-5 所示。

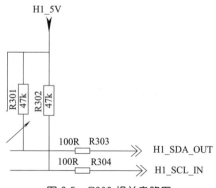

图 2-5　R302 相关电路图

## 3.故障现象： 热机自动关机

（1）**故障维修**：此类故障属 Q302、Q303 不良，更换后即可排除故障。

（2）**图文解说**：检修时重点检测复位电压（正常为 3.3V 左右）。Q302 相关电路如图 2-6 所示。

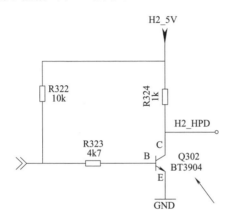

图 2-6　Q302 相关电路图

# 第三节　TCL 王牌 L26M9B 型

## 1.故障现象： 有时自动关机

（1）**故障维修**：此类故障属电容 C122 不良，更换后即可排除故障。

（2）**图文解说**：检修时重点检测电容 C122。C122 相关电路如图 2-7 所示。

## 2.故障现象： 自动关机

（1）**故障维修**：此类故障属 U801 损坏，更换后即可排除

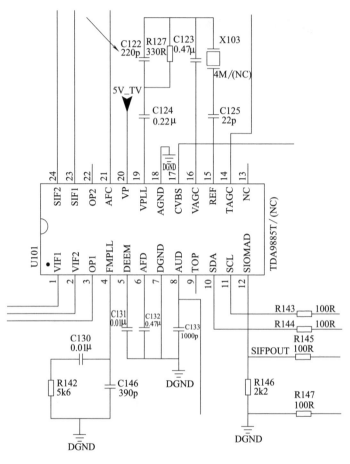

图 2-7　C122 相关电路图

故障。

（2）**图文解说**：检修时重点检测 U801 输出电压（正常为 3.3V）。U801 相关电路如图 2-8 所示。

## 3.故障现象: 收不到台

（1）**故障维修**：此类故障属电容 C143 不良，更换后即可排除故障。

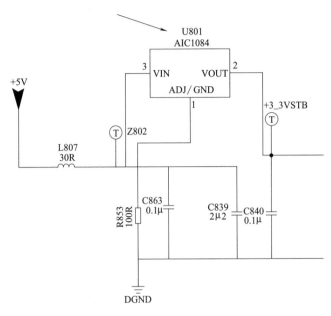

图 2-8　U801 相关电路图

（2）**图文解说**：检修时重点检测 U102 输入脚电压（正常为 5V）。C143 相关电路如图 2-9 所示。

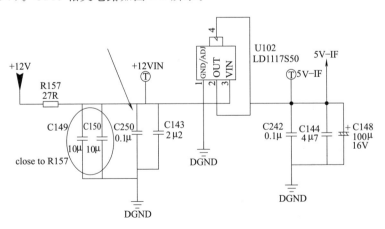

图 2-9　C143 相关电路图

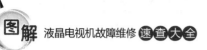 

### 4.故障现象：无光栅、无声音、无图像，灯不亮

（1）故障维修：此类故障属 U804 损坏，更换后即可排除故障。

（2）图文解说：检修时重点检测 5VSTB 电压。U804 相关电路如图 2-10 所示。

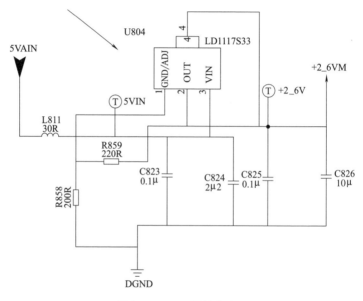

图 2-10　U804 相关电路图

### 5.故障现象：按键失灵

（1）故障维修：此类故障属 C145 短路，更换后即可排除故障。

（2）图文解说：检修时重点检测高频头 SDA/SCL 电压（正常为 4.9V）。C145 相关电路如图 2-11 所示。

### 6.故障现象：所有信号源均有杂音

（1）故障维修：此类故障属声音信号输入脚漏电，切断 R635

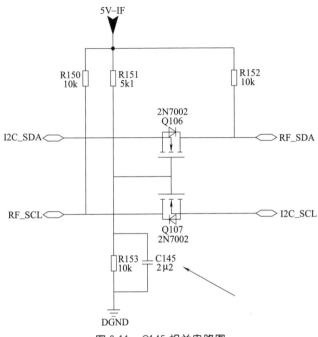

图 2-11　C145 相关电路图

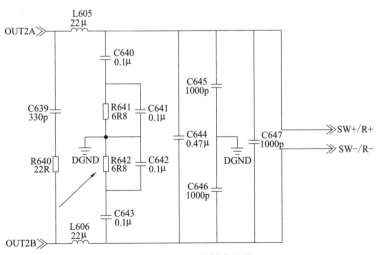

图 2-12　R642 相关电路图

与 R642 之间的铜箔，飞线连接即可。

（2）**图文解说**：检修时重点检测 R642 处电压（正常为 4V 左右）。R642 相关电路如图 2-12 所示。

# 第四节　TCL 王牌 L32F3200B 型

## 1.故障现象：搜索无台

（1）**故障维修**：此类故障属电阻 R106 不良，更换后即可排除故障。

（2）**图文解说**：检修时重点检测总线 TSDA 电压值（正常为 3.3V）。R106 相关电路如图 2-13 所示。

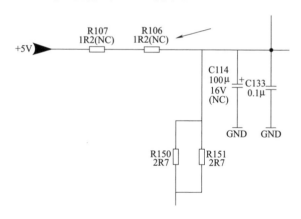

图 2-13　R106 相关电路图

## 2.故障现象：灯亮不开机

（1）**故障维修**：此类故障属电容 C409 漏电，更换后即可排除故障。

（2）**图文解说**：检修时重点检测开机电压（正常为 3.3V 与 24V）。C409 相关电路如图 2-14 所示。

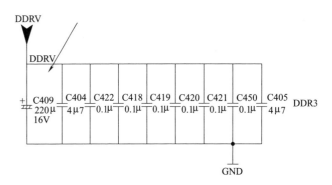

图 2-14　C409 相关电路图

## 3.故障现象：不开机

（1）**故障维修**：此类故障属电容 C543 不良，更换后即可排除故障。

（2）**图文解说**：检修时重点检测 C543 两端阻值。C543 相关电路如图 2-15 所示。

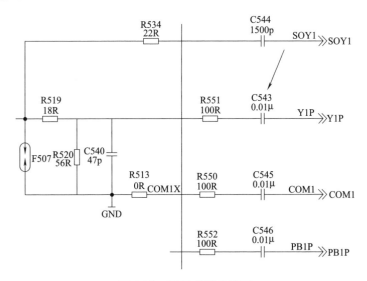

图 2-15　C543 相关电路图

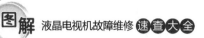

### 4.故障现象：无光栅、无声音、无图像

（1）**故障维修**：此类故障属电容 C213 漏电，更换后即可排除故障。

（2）**图文解说**：检修时重点检测 C213。C213 相关电路如图 2-16所示。当 U103 不良时也会出现类似故障。

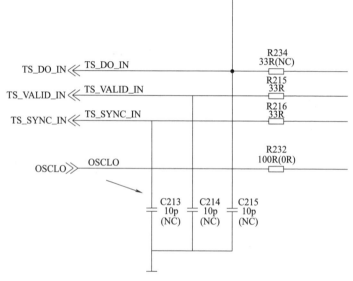

图 2-16    C213 相关电路图

### 5.故障现象：无光栅、无声音、无图像，指示灯亮

（1）**故障维修**：此类故障属 C216 不良，更换后即可排除故障。

（2）**图文解说**：检修时重点检测电源电压（正常为 24V）。C216 相关电路如图 2-17 所示。

### 6.故障现象：声音失真

（1）**故障维修**：此类故障属 C606 损坏，更换后即可排除故障。

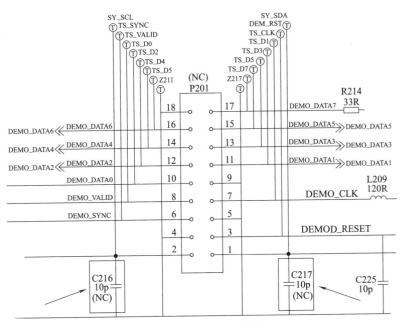

图 2-17　C216 相关电路图

（2）**图文解说**：检修时重点检测 C606。C606 相关电路如图 2-18所示。

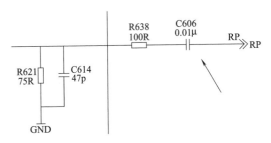

图 2-18　C606 相关电路图

**7.故障现象：不开机，指示灯亮**

（1）**故障维修**：此类故障属 R116 不良，更换后即可排除故障。

（2）**图文解说**：检修时重点检测开机电压（正常为 2.7V）。
R116 相关电路如图 2-19 所示。

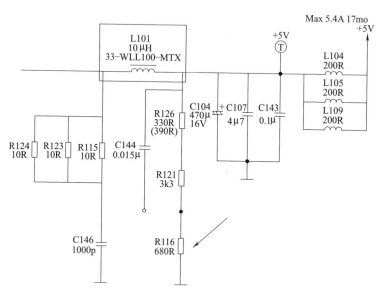

图 2-19　R116 相关电路图

### 8.故障现象：有图无声

（1）**故障维修**：此类故障属三极管 Q900 漏电，更换后即可排除故障。

（2）**图文解说**：检修时重点检测 Q900。Q900 相关电路如图 2-20 所示。

### 9.故障现象：无法联网

（1）**故障维修**：此类故障属 U801 不良，更换后即可排除故障。

（2）**图文解说**：检修时重点检测 U801。U801 相关电路如图 2-21 所示。

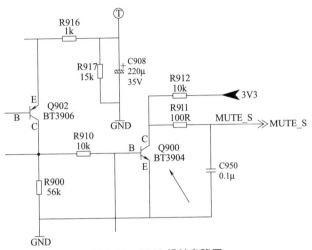

图 2-20　Q900 相关电路图

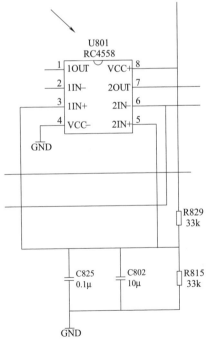

图 2-21　U801 相关电路图

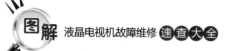

### 10.故障现象: AV1/AV2 无图像

（1）**故障维修**：此类故障属 U107 不良，更换后即可排除故障。

（2）**图文解说**：检修时重点检测 U107 电压（正常为 2.5V）。U107 相关电路如图 2-22 所示。

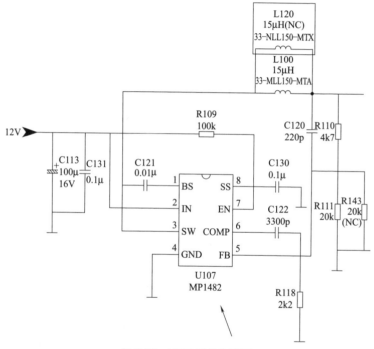

图 2-22　U107 相关电路图

### 11.故障现象: 无 24V 电压输出

（1）**故障维修**：此类故障属 Q101（2N7002）损坏，更换后即可排除故障。

（2）**图文解说**：检修时重点检测 U101（FAN6754）第⑦脚供电（正常为 16V）。Q101 相关电路如图 2-23 所示。

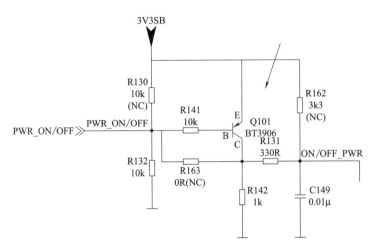

图 2-23　Q101 相关电路图

::::**12.故障现象:** 背光亮黑屏

（1）**故障维修:** 此类故障属 U201 不良，更换后即可排除故障。

（2）**图文解说:** 检修时重点检测 LVDS 数据电压（正常为 1.2V）。U201 相关电路如图 2-24 所示。

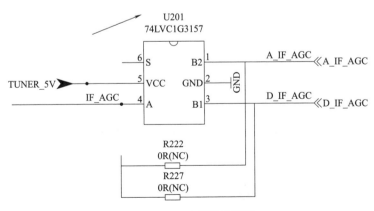

图 2-24　U201 相关电路图

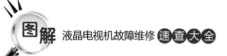

**13.故障现象:** 噪波干扰

（1）**故障维修:** 此类故障属 U600 不良，更换后即可排除故障。

（2）**图文解说:** 检修时重点检测 U600。U600 相关电路如图 2-25 所示。

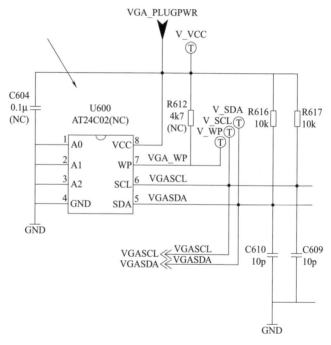

图 2-25　U600 相关电路图

# 第五节　TCL 王牌 L32E5300A 型

**1.故障现象:** 不定时无声音

（1）**故障维修:** 此类故障属 R742 不良，更换后即可排除故障。

(2) **图文解说**：检修时重点检测 R742 阻值（正常为 $100k\Omega$）。
R742 相关电路如图 2-26 所示。

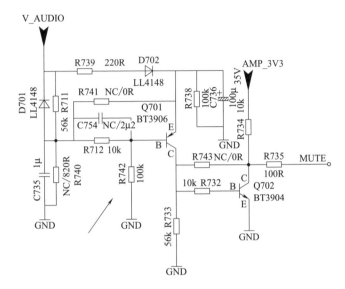

图 2-26    R742 相关电路图

**2.故障现象：** 红色指示灯亮不开机

(1) **故障维修**：此类故障属 U601 损坏，更换后即可排除
故障。

(2) **图文解说**：检修时重点检测 U601。U601 相关电路如图
2-27 所示。

**3.故障现象：** 不开机

(1) **故障维修**：此类故障属 Q601 损坏，更换后即可排除
故障。

(2) **图文解说**：检修时重点检测 24V 对地阻值。Q601 相关电
路如图 2-28 所示。

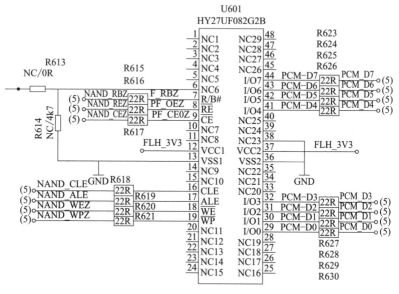

图 2-27 U601 相关电路图

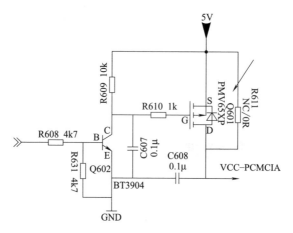

图 2-28 Q601 相关电路图

## 4.故障现象：L32E5300A（MS99 机芯）不定时无声音

（1）**故障维修**：此类故障属 Q701（A1015）不良，更换后即可排除故障。

（2）**图文解说**：检修时重点检测 Q701 的 B、C、E 极电压（正常分别为 23.4V、0V、23.0V）。Q701 相关电路如图 2-29 所示。

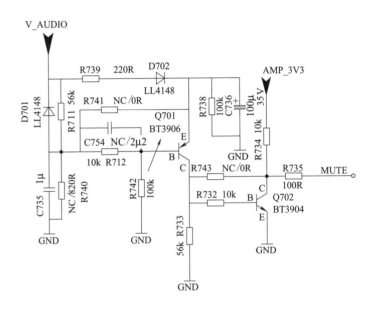

图 2-29　Q701 相关电路图

## 5.故障现象：开机无光栅、无声音、无图像

（1）**故障维修**：此类故障属电容 C204 不良，更换后即可排除故障。

（2）**图文解说**：检修时重点检测待机 IC 的 P5 脚电压（正常为 1.3V 左右）。C204 相关电路如图 2-30 所示。

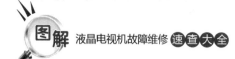

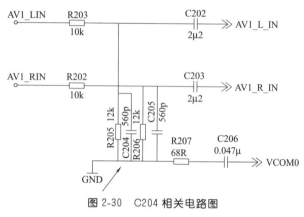

图 2-30　C204 相关电路图

# 第六节　TCL 王牌 L46P10FBEG 型

**1.故障现象：**开机图声正常但几分钟后自动关机

（1）**故障维修：**此类故障属二极管 D807 不良，更换后即可排除故障。

（2）**图文解说：**检修时重点检测 Q805 集电极电压（正常为 3.2V）。D807 相关电路如图 2-31 所示。

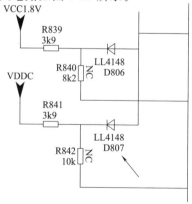

图 2-31　D807 相关电路图

### 2.故障现象：有声音无图

（1）故障维修：此类故障属电容 C926 不良，更换后即可排除故障。

（2）图文解说：检修时重点检测 C926。C926 相关电路如图 2-32所示。

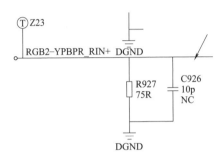

图 2-32　C926 相关电路图

### 3.故障现象：开机几秒后待机

（1）故障维修：此类故障属电阻 R810 虚焊，补焊后即可排除故障。

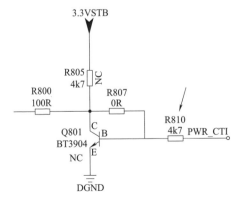

图 2-33　R810 相关电路图

（2）**图文解说：**检修时重点检测开机信号电压（正常为+3.3V）。R810 相关电路如图 2-33 所示。当 U801 不良时也会出现类似故障。

## 4.故障现象：不能开机

（1）**故障维修：**此类故障属 C125 不良，更换后即可排除故障。

（2）**图文解说：**检修时重点检测电源板 24V 电压。C125 相关电路如图 2-34 所示。

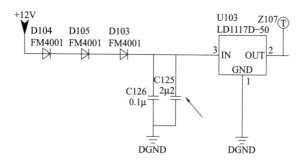

图 2-34　C125 相关电路图

## 5.故障现象：无声音

（1）**故障维修：**此类故障属 Q601 不良，更换后即可排除故障。

（2）**图文解说：**检修时重点检测 U601 供电（正常为 12V 与 3.3V）。Q601 相关电路如图 2-35 所示。

## 6.故障现象：花屏

（1）**故障维修：**此类故障属电感 L316 不良，更换后即可排除故障。

（2）**图文解说：**检修时重点检测 U001 的供电（正常为 3.3V）。L316 相关电路如图 2-36 所示。

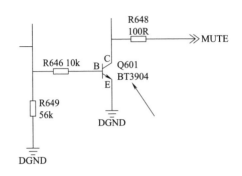

图 2-35　Q601 相关电路图

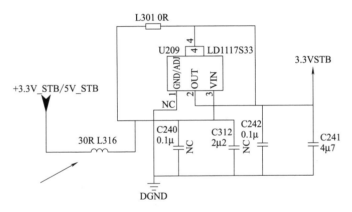

图 2-36　L316 相关电路图

### 7.故障现象：灯亮不开机

（1）故障维修：此类故障属稳压 IC U211 损坏，更换后即可排除故障。

（2）图文解说：检修时重点检测 U211 输出电压（正常为 3.3V）。U211 相关电路如图 2-37 所示。

### 8.故障现象：不定时无声音

（1）故障维修：此类故障属 R600 假焊，重新补焊后即可排除

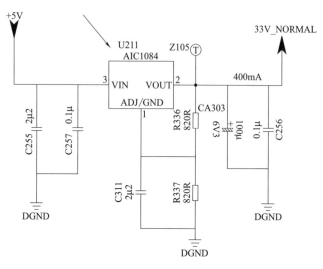

图 2-37 U211 相关电路图

故障。

(2)**图文解说**:检修时重点检测 R600。R600 相关电路如图 2-38所示。

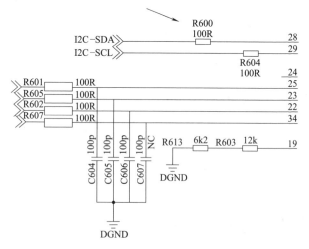

图 2-38 R600 相关电路图

# 第七节 TCL王牌 L24P31 型

## 1.故障现象：所有信号源均有杂音

（1）**故障维修**：此类故障属声音信号输入脚漏电，切断 R635 与 R642 之间的铜箔飞线连接即可排除故障。

（2）**图文解说**：检修时重点检测 R642 处电压（正常为 4V 左右）。R642 相关电路如图 2-39 所示。

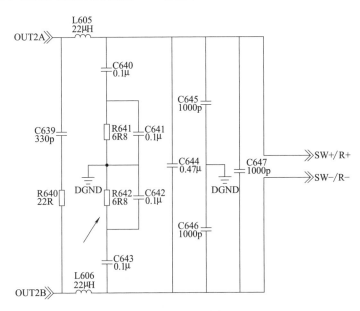

图 2-39 R642 相关电路图

（注：TCL 王牌 L24P31 型与 TCL 王牌 L26M9B 型同属于 MS19C 机芯）

## 2.故障现象：不开机

（1）**故障维修**：此类故障属电容 C127 不良，更换后即可排除故障。

（2）**图文解说**：检修时重点检测 C127。C127 相关电路如图 2-40 所示。

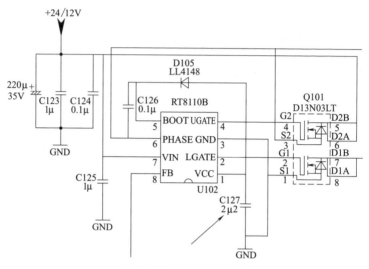

图 2-40　C127 相关电路图

::::: **3.故障现象：** **不定时自动开关机**

（1）**故障维修**：此类故障属滤波电容 C211 不良，更换后即可排除故障。

（2）**图文解说**：检修时重点检测电源小板电压（正常为 12V）。

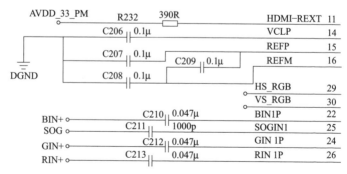

图 2-41　C211 相关电路图

C211 相关电路如图 2-41 所示。

**4.故障现象：** **热机无光栅**

（1）**故障维修：** 此类故障属 U001 的第㊹脚到 R107 之间的过孔不通，飞线连接即可排除故障。

（2）**图文解说：** 检修时重点检测背光控制电压。R107 相关电路如图 2-42 所示。

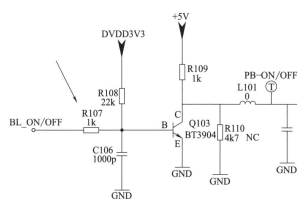

图 2-42    R107 相关电路图

# 第八节    TCL 王牌 L22N6 型

**1.故障现象：** **有时不开机**

（1）**故障维修：** 此类故障属 D101、D102 不良，更换后即可排除故障。

（2）**图文解说：** 检修时重点检测 3.3V、1.8V 电压。D101 相关电路如图 2-43 所示。

**2.故障现象：** **字符花、图像有横道干扰**

（1）**故障维修：** 此类故障属 C2 失效，更换后即可排除故障。

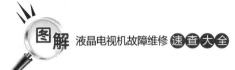

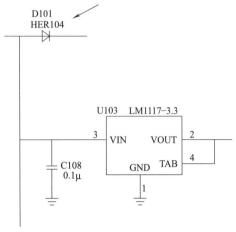

图 2-43    D101 相关电路图

（2）**图文解说**：检修时重点检测滤波电容 C2。C2 相关电路如图 2-44 所示。

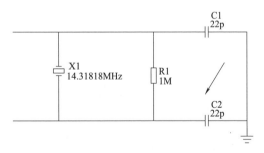

图 2-44    C2 相关电路图

### 3.故障现象：L22N6 型不定时自动关机

（1）**故障维修**：此类故障属 D102 不良，更换后即可排除故障。

（2）**图文解说**：检修时重点检测 D102。D102 相关电路如图 2-45所示。

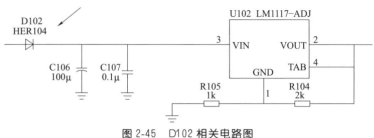

图 2-45 D102 相关电路图

# 第九节 TCL 王牌 L42V10FBD 型

## 1.故障现象：黑屏

（1）**故障维修**：此类故障属取样电阻 R816 漏电，重新焊好即可排除故障。

（2）**图文解说**：检修时重点检测 PFC 电压（正常为 380V）。R816 相关电路如图 2-46 所示。

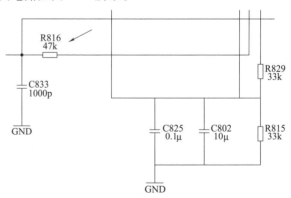

图 2-46 R816 相关电路图

## 2.故障现象：不能开机

（1）**故障维修**：此类故障属 R212 阻值变大，更换后即可排除故障。

(2) **图文解说**：检修时重点检测 DDR 供电（正常为 0.9V 左右）。R212 相关电路如图 2-47 所示。

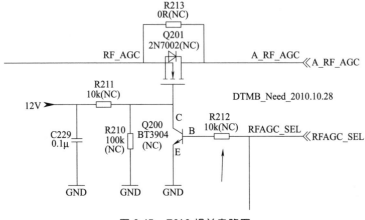

图 2-47 R212 相关电路图

### 3.故障现象：彩电缺红/绿/蓝基色

(1) **故障维修**：此类故障属 L204 共模电感开路，更换后即可排除故障。

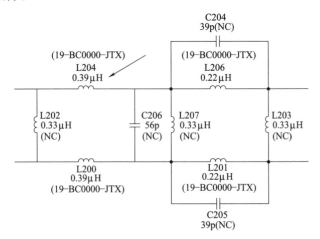

图 2-48 L204 相关电路图

（2）**图文解说**：检修时重点检测主 IC 供电（正常为 1.27V、1.86V、3.32V）。L204 相关电路如图 2-48 所示。

**4.故障现象：** **不定时花屏死机**

（1）**故障维修**：此类故障属电阻 R218 不良，更换后即可排除故障。

（2）**图文解说**：检修时重点检测 R218。R218 相关电路如图 2-49所示。

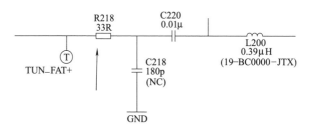

图 2-49　R218 相关电路图

**5.故障现象：** **热机自动关机**

（1）**故障维修**：此类故障属电容 C236 不良，更换后即可排除故障。

（2）**图文解说**：检修时重点检测 MST6M58 数字部分供电（正常为 1.26V 左右）。C236 相关电路如图 2-50 所示。

**6.故障现象：** **花屏**

（1）**故障维修**：此类故障属电感 L214 虚焊，重新补焊后即可排除故障。

（2）**图文解说**：检修时重点检测 L214。L214 相关电路如图 2-51所示。

**7.故障现象：** **背光不亮**

（1）**故障维修**：此类故障属电阻 R813 虚焊，重新补焊后即可

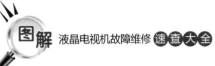

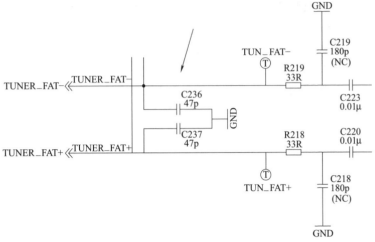

图 2-50　C236 相关电路图

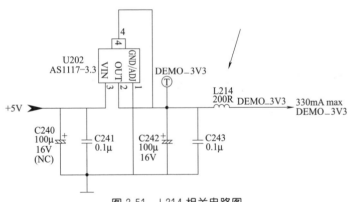

图 2-51　L214 相关电路图

排除故障。

（2）**图文解说**：检修时重点检测背光开关信号电压。R813 相关电路如图 2-52 所示。

### 8.故障现象：不定时不能开机

（1）**故障维修**：此类故障属 U204 的第⑥脚电阻 R288 到声音电路的 R604 电阻处阻值增大，为过孔断，连接后即可排除故障。

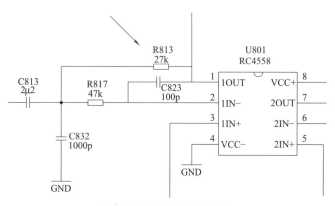

图 2-52　R813 相关电路图

（2）**图文解说**：检修时重点检测总线 SDA 电压（正常为 3.3V）。U204 相关电路如图 2-53 所示。

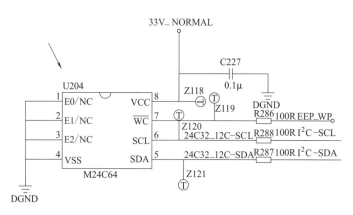

图 2-53　U204 相关电路图

# 第十节　TCL 王牌 L42P11FBDEG 型

## 1.故障现象：不定时无声音失控

（1）**故障维修**：此类故障属 U24 虚焊，重新补焊后即可排除

故障。

(2) **图文解说**：检修时重点检测 U24。U24 相关电路如图 2-54 所示。

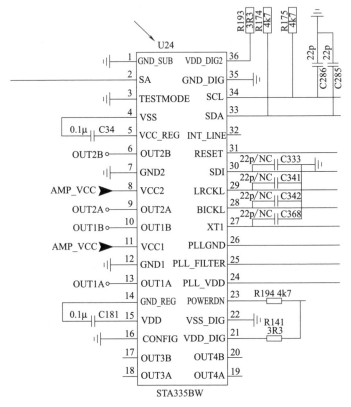

图 2-54 U24 相关电路图

**2.故障现象：自动关机**

(1) **故障维修**：此类故障属电容 C456 不良，更换后即可排除故障。

(2) **图文解说**：检修时重点检测 C456 电压（正常为 0.9V）。C456 相关电路如图 2-55 所示。

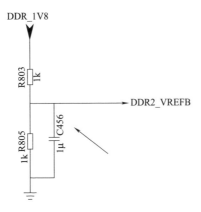

图 2-55　C456 相关电路图

## 3.故障现象：无图像

（1）**故障维修：**此类故障属限流电阻 R94 不良，更换后即可排除故障。

（2）**图文解说：**检修时重点检测 U20 第③脚输出电压（正常为 1.26V）。R94 相关电路如图 2-56 所示。

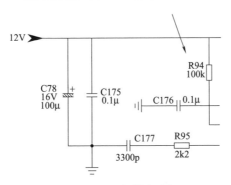

图 2-56　R94 相关电路图

## 4.故障现象：IC 卡不识别无台

（1）**故障维修：**此类故障属 MUTE 电路 Q10 集电极电压不正

常，在 U9 输出脚与 L66 处飞线即可排除故障。

（2）**图文解说**：检修时重点检测 Q10 集电极电压。U9 相关电路如图 2-57 所示。

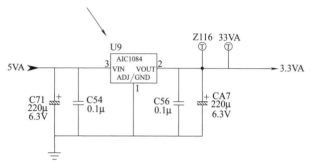

图 2-57　U9 相关电路图

## 5.故障现象：按键灯亮不开机

（1）**故障维修**：此类故障属电阻 R128 不良，更换后即可排除故障。

（2）**图文解说**：检修时重点检测 R128。R128 相关电路如图 2-58所示。

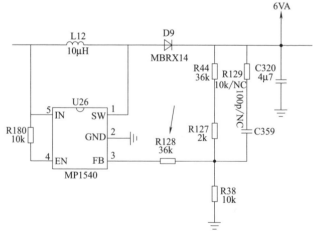

图 2-58　R128 相关电路图

## 6.故障现象：不能播放 USB

（1）**故障维修**：此类故障属 U11 损坏，更换后即可排除故障。

（2）**图文解说**：检修时重点检测 USB 供电开关电路 U11 第⑤
脚输出端电压（正常为 5V）。U11 相关电路如图 2-59 所示。

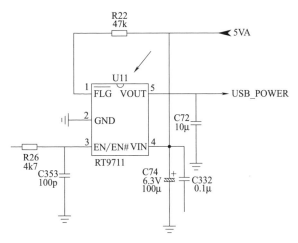

图 2-59  U11 相关电路图

## 7.故障现象：图像来回抖动

（1）**故障维修**：此类故障属电容 C402 漏电，更换后即可排除
故障。

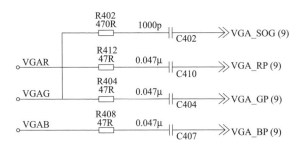

图 2-60  C402 相关电路图

（2）**图文解说：**检修时重点检测电源板上 24 V 电压。C402 相关电路如图 2-60 所示。

**8.故障现象：**花屏且图像倒立

（1）**故障维修：**此类故障属 U20 不良，更换后即可排除故障。

（2）**图文解说：**检修时重点检测 U20。U20 相关电路如图 2-61 所示。

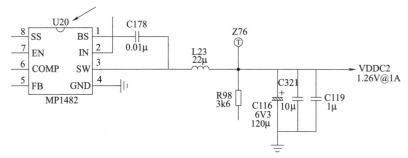

图 2-61 U20 相关电路图

**9.故障现象：**白屏无图像

（1）**故障维修：**此类故障属 U15 不良，更换后即可排除故障。

（2）**图文解说：**检修时重点检测 U15（AC1084）输出电压（正常为 3.3V）。U15 相关电路如图 2-62 所示。

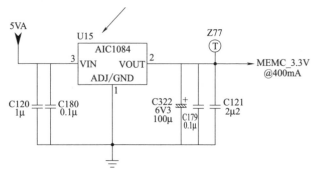

图 2-62 U15 相关电路图

## 10.故障现象：指示灯有变化、黑屏

（1）**故障维修**：此类故障属 U401（L6599A）性能不良，更换后即可排除故障。

（2）**图文解说**：检修时重点检测电源 24V 电压。U401 相关电路如图 2-63 所示。

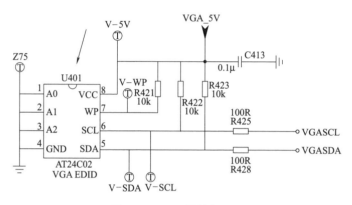

图 2-63　U401 相关电路图

## 第十一节　TCL 王牌 L24F19 型

### 1.故障现象：不定时开机无光栅

（1）**故障维修**：此类故障属 R9 不良，更换后即可排除故障。

（2）**图文解说**：检修时重点检测电源板 P2 的 BL-ON 电压（正常为 4V 左右）。R9 相关电路如图 2-64 所示。

### 2.故障现象：无光栅、无声音、无图像

（1）**故障维修**：此类故障属 D3 不良，更换后即可排除故障。

（2）**图文解说**：检修时重点检测 P2 插座第⑦、⑧脚电压（正常为 5V）。D3 相关电路如图 2-65 所示。

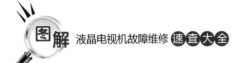

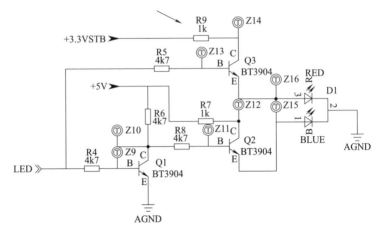

图 2-64　R9 相关电路图

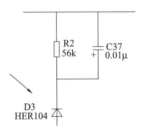

图 2-65　D3 相关电路图

### 3.故障现象：图像有雪花点干扰且有杂音

（1）**故障维修：**此类故障属 U205 不良，更换后即可排除故障。

（2）**图文解说：**检修时重点检测 U205 供电（正常为 2.5V）。U205 相关电路如图 2-66 所示。

### 4.故障现象：热机死机、遥控失灵、无图有声

（1）**故障维修：**此类故障属 U001 不良，更换后即可排除故障。

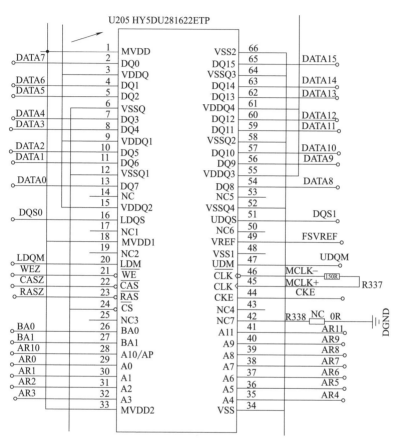

图 2-66　U205 相关电路图

（2）**图文解说**：检修时重点检测 U001。U001 相关电路如图 2-67 所示。

### 5.故障现象：绿屏

（1）**故障维修**：此类故障属电容 C204 漏电，更换后即可排除故障。

（2）**图文解说**：检修时重点检测 C204。C204 相关电路如图 2-68所示。

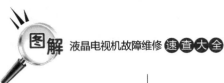

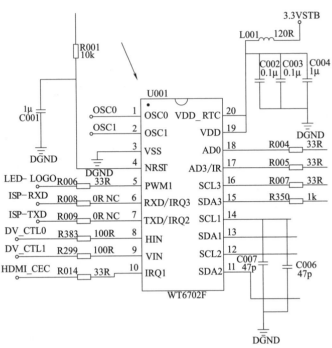

图 2-67 U001 相关电路图

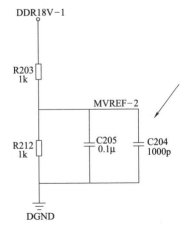

图 2-68 C204 相关电路图

**6.故障现象：热机有杂音**

（1）**故障维修**：此类故障属功放 U601 损坏，更换后即可排除故障。

（2）**图文解说**：检修时重点检测静音控制功放第㉓脚电压（正常为 3.3V）。U601 相关电路如图 2-69 所示。

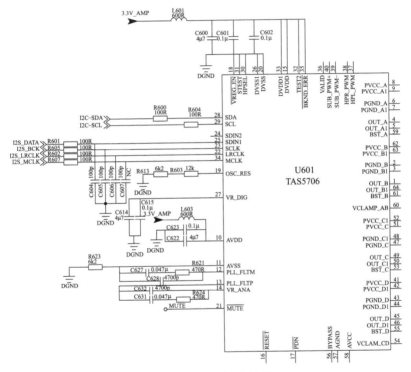

图 2-69　U601 相关电路图

**7.故障现象：屏显字符花**

（1）**故障维修**：此类故障属 R320 处无电压，将 R320 和 L211 飞线后即可排除故障。

（2）**图文解说**：检修时重点检测 R320。R320 相关电路如图 2-70所示。

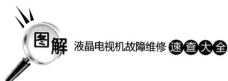

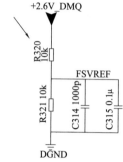

图 2-70 R320 相关电路图

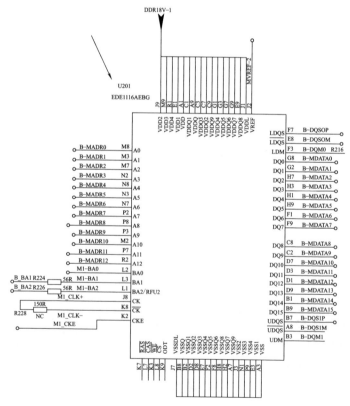

图 2-71 U201 相关电路图

### 8.故障现象：无声音

（1）**故障维修**：此类故障属 U201 损坏，更换后即可排除故障。

（2）**图文解说**：检修时重点检测 U201。U201 相关电路如图 2-71 所示。

### 9.故障现象：热机自动关机

（1）**故障维修**：此类故障属电容 C236 不良，更换后即可排除故障。

（2）**图文解说**：检修时重点检测 MST6M58 数字部分供电（正常为 1.26V）。C236 相关电路如图 2-72 所示。

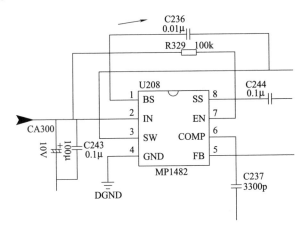

图 2-72 C236 相关电路图

## 第十二节 TCL 王牌 L37F11 型

### 1.故障现象：有杂音

（1）**故障维修**：此类故障属电容 C820 漏电，更换后即可排除

101

故障。

(2) **图文解说**：检修时重点检测 U801 第③、⑤脚电压（正常为 2.6V）。C820 相关电路如图 2-73 所示。

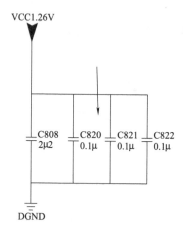

图 2-73 C820 相关电路图

### 2.故障现象：不开机

(1) **故障维修**：此类故障属电阻 R013 开路，补焊后即可排除故障。

(2) **图文解说**：检修时重点检测数字板排插 P101 待机电压（正常为 3.3V）。R013 相关电路如图 2-74 所示。

### 3.故障现象：无声音

(1) **故障维修**：此类故障属贴片电容 C625 漏电，更换后即可排除故障。

(2) **图文解说**：检修时重点检测电容 C625。C625 相关电路如图 2-75 所示。

### 4.故障现象：按键失灵

(1) **故障维修**：此类故障属 U003 不良，更换后即可排除故障。

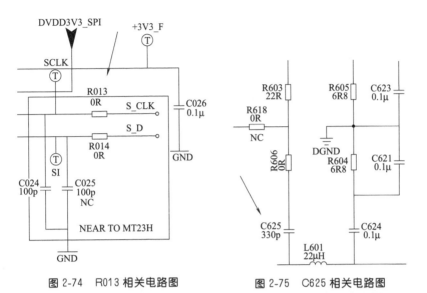

图 2-74　R013 相关电路图　　　　图 2-75　C625 相关电路图

（2）**图文解说**：检修时重点检测 U003。U003 相关电路如图 2-76 所示。

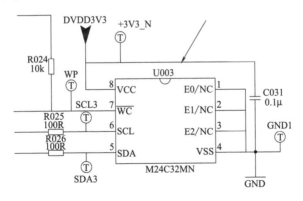

图 2-76　U003 相关电路图

:::::: **5.故障现象：**开关机有"嘭嘭"声

（1）**故障维修**：此类故障属电阻 R609 不良，更换后即可排除故障。

（2）**图文解说**：检修时重点检测 R609。R609 相关电路如图 2-77所示。

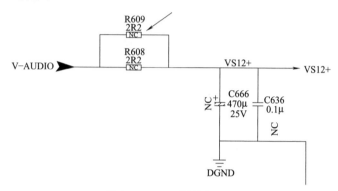

图 2-77　R609 相关电路图

**6.故障现象：黑屏**

（1）**故障维修**：此类故障属电容 C112 漏电，更换后即可排除故障。

（2）**图文解说**：检修时重点检测 LVDS 线上的供电（正常为12V）。C112 相关电路如图 2-78 所示。

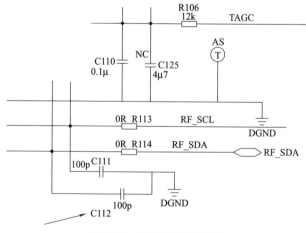

图 2-78　C112 相关电路图

## 7.故障现象：指示灯亮，按遥控和面板按键均不开机

（1）**故障维修：** 此类故障属电容 C830 漏电，更换后即可排除故障。

（2）**图文解说：** 检修时重点检测 L813 处电压（正常为 1.28V）。C830 相关电路如图 2-79 所示。

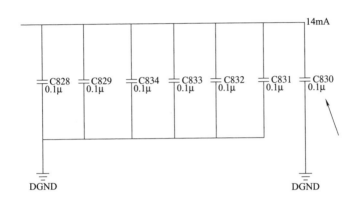

图 2-79　C830 相关电路图

## 8.故障现象：TV 收不到台

（1）**故障维修：** 此类故障属 Q501 性能不良，更换后即可排除故障。

（2）**图文解说：** 检修时重点检测 SDA 电压（正常为 4.9V 左右）。Q501 相关电路如图 2-80 所示。

## 9.故障现象：所有信号源均有杂音

（1）**故障维修：** 此类故障属声音信号输入脚漏电所致，切断 R635 与 R642 之间的铜箔飞线连接即可排除故障。

（2）**图文解说：** 检修时重点检测 R642 处电压（正常为 4V 左右）。R642 相关电路如图 2-81 所示。

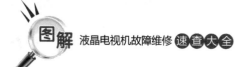

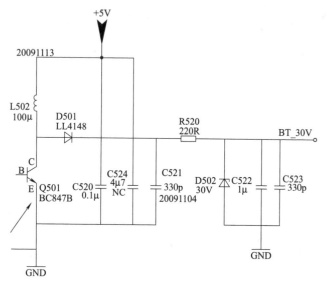

图 2-80　Q501 相关电路图

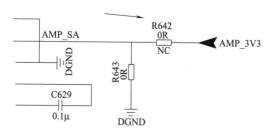

图 2-81　R642 相关电路图

## 10.故障现象：不定时无图像有声音

（1）故障维修：此类故障属电容 C401 漏电，更换后即可排除故障。

（2）图文解说：检修时重点检测屏供电（正常为 12V）。C401 相关电路如图 2-82 所示。

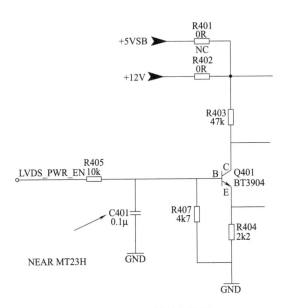

图 2-82 C401 相关电路图

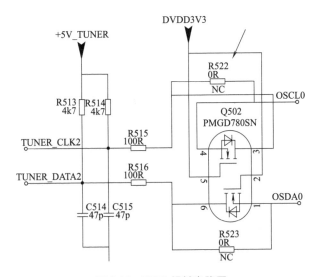

图 2-83 R522 相关电路图

**11.故障现象：收不到台**

（1）**故障维修：**此类故障属 R522 到 Q501 的 1P 过孔断裂，连线后即可排除故障。

（2）**图文解说：**检修时重点检测 SDA、SCL 电压（正常都为 4.5V 左右）。R522 相关电路如图 2-83 所示。

# 第十三节　TCL 王牌 L26P21BD 型

**1.故障现象：有杂音**

（1）**故障维修：**此类故障属 MST6M48 的第⑧脚经过 R633 到功放的第㉙脚阻值不正常，将 MST6M48 的第⑧脚到 R633 之间的铜皮断开连接飞线即可排除故障。

（2）**图文解说：**检修时重点检测 MST6M48 的第⑧脚经过 R633 到功放的第㉙脚阻值（正常为 33Ω）。R633 相关电路如图 2-84 所示。

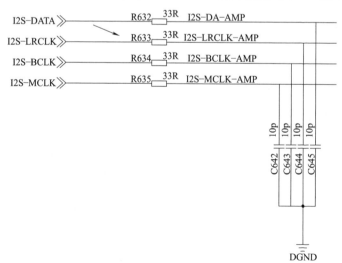

图 2-84　R633 相关电路图

**2.故障现象：** 灰屏背光亮

（1）**故障维修：** 此类故障属电容 C822 变质，更换后即可排除故障。

（2）**图文解说：** 检修时重点检测屏供电（正常为 12V）。C822 相关电路如图 2-85 所示。

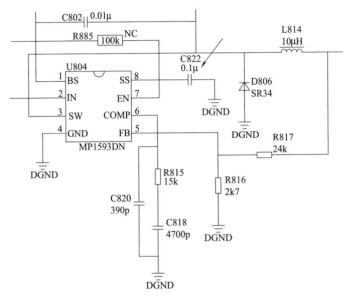

图 2-85　C822 相关电路图

# 第十四节　TCL 王牌 LED42C800D 型

**1.故障现象：** AV 无图像

（1）**故障维修：** 此类故障属 U107 不良，更换后即可排除故障。

（2）**图文解说：** 检修时重点检测 U107 电压（正常为 2.5V）。

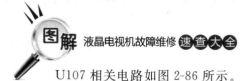

U107 相关电路如图 2-86 所示。

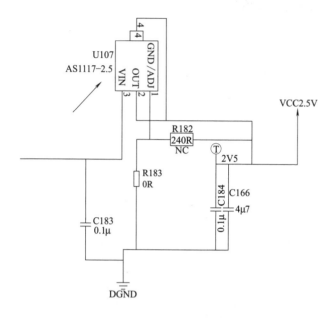

图 2-86   U107 相关电路图

**2.故障现象：开机 2～3h 后无声音**

（1）**故障维修：** 此类故障属电容 C955 漏电，更换后即可排除故障。

（2）**图文解说：** 检修时重点检测 TAS5707 的第⑱脚电压（正常为 3.3V）。C955 相关电路如图 2-87 所示。

**3.故障现象：有图无声**

（1）**故障维修：** 此类故障属 Q900 不良，更换后即可排除故障。

（2）**图文解说：** 检修时重点检测静音电路 Q901 的 C 极电位（正常为 3.3V）。Q900 相关电路如图 2-88 所示。

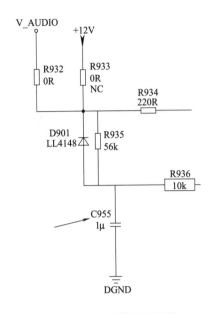

图 2-87　C955 相关电路图

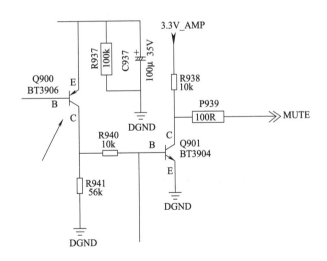

图 2-88　Q900 相关电路图

# 第十五节　TCL王牌L32N9型

## 1.故障现象：TV无声音

（1）**故障维修**：此类故障属电容 C537 不良，更换后即可排除故障。

（2）**图文解说**：检修时重点检测 C537。C537 相关电路如图 2-89所示。

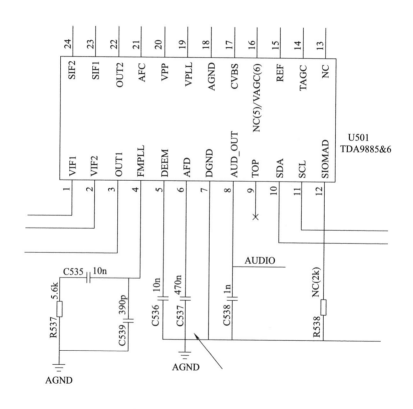

**图 2-89　C537 相关电路图**

**2.故障现象：有声音没有图像**

（1）**故障维修：** 此类故障属 Q204 虚焊，重新补焊即可排除故障。

（2）**图文解说：** 检修时重点检测 Q204。Q204 相关电路如图 2-90 所示。

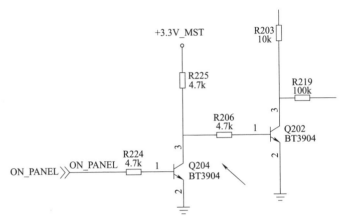

图 2-90　Q204 相关电路图

# 第十六节　TCL 王牌 C32E320B 型

**1.故障现象：自动开关机**

（1）**故障维修：** 此类故障属 U103 不良，更换后即可排除故障。

（2）**图文解说：** 检修时重点检测 U103 输出电压（正常为 2.5V）。U103 相关电路如图 2-91 所示。

**2.故障现象：红色指示灯闪不开机**

（1）**故障维修：** 此类故障属 C213 损坏，更换后即可排除

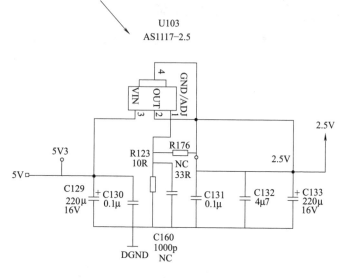

图 2-91　U103 相关电路图

故障。

（2）**图文解说**：检修时重点检测电源板输出电压（正常为12V）。C213 相关电路如图 2-92 所示。

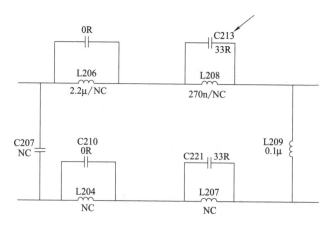

图 2-92　C213 相关电路图

## 3.故障现象：开不了机

（1）**故障维修**：此类故障属 U101 不良，更换后即可排除故障。

（2）**图文解说**：检修时重点检测主板 2.5V 供电。U101 相关电路如图 2-93 所示。

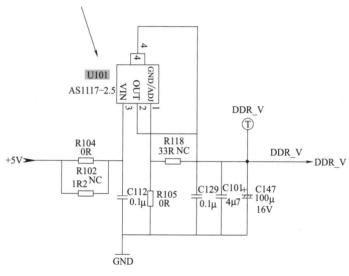

图 2-93　U101 相关电路图

## 4.故障现象：TV 热机无彩色

（1）**故障维修**：此类故障属晶振 X27 不良，更换后即可排除故障。

（2）**图文解说**：检修时重点检测 X27。X27 相关电路如图 2-94 所示。

## 5.故障现象：无光栅、无声音、无图像

（1）**故障维修**：此类故障属 U301（7930）不良，更换后即可

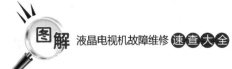

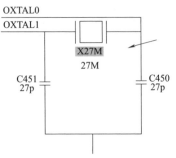

图 2-94　X27 相关电路图

排除故障。

（2）**图文解说**：检修时重点检测 CE1 处电压（正常为 390V 左右）。U301 相关电路如图 2-95 所示。

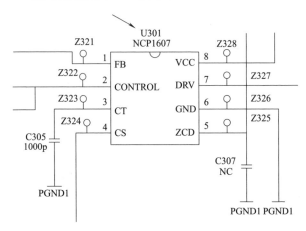

图 2-95　U301 相关电路图

:::::: **6.故障现象：** 灯亮不开机

（1）**故障维修**：此类故障属 U101 性能不良，更换后即可排除故障。

（2）**图文解说**：检修时重点检测 U101 输出电压（正常为

2.5V 左右）。U101 相关电路如图 2-96 所示。

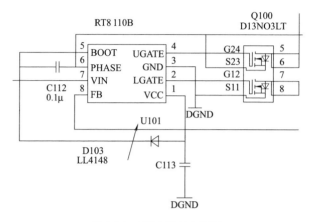

图 2-96　U101 相关电路图

### :::::7.故障现象：无声音

（1）**故障维修**：此类故障属 R500、R501、Q502 不良，更换后即可排除故障。

（2）**图文解说**：检修时重点检测静音电压（正常为 10V 左右）。R501 相关电路如图 2-97 所示。

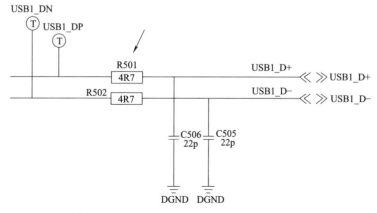

图 2-97　R501 相关电路图

# 第十七节　TCL王牌 L48F3380E 型

## 1.故障现象：无光栅、无声音、无图像，灯亮

（1）**故障维修**：此类故障属 C216 不良，更换后即可排除故障。

（2）**图文解说**：检修时重点检测电源 24V 电压。C216 相关电路如图 2-98 所示。

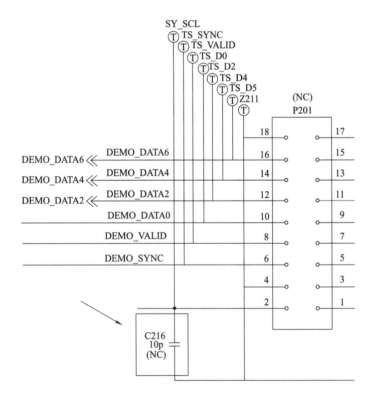

图 2-98　C216 相关电路图

**2.故障现象：声音失真**

（1）**故障维修：**此类故障属 C606 不良，更换后即可排除故障。

（2）**图文解说：**检修时重点检测 C606。C606 相关电路如图 2-99所示。

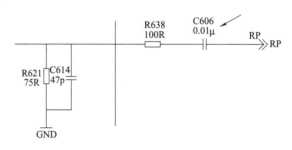

图 2-99　C606 相关电路图

# 第十八节　TCL王牌 L40M61F 型

**1.故障现象：无光栅、无声音、无图像**

（1）**故障维修：**此类故障属 C54、C37 不良，更换后即可排除故障。

（2）**图文解说：**检修时重点检测 D28、D26 处电压（正常为 10V 以上）。C37 相关电路如图 2-100 所示。

**2.故障现象：不定时灯亮不开机**

（1）**故障维修：**此类故障属电容 C5 不良，更换后即可排除故障。

（2）**图文解说：**检修时重点检测 5V 电压输出。C5 相关电路如图 2-101 所示。

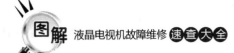

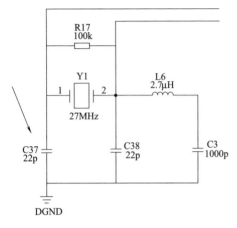

图 2-100　C37 相关电路图

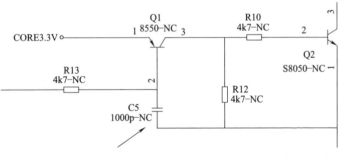

图 2-101　C5 相关电路图

（1）故障维修：此类故障属 U8 不良，更换后即可排除故障。

（2）图文解说：检修时重点检测 KA7815 输出电压（正常为
15V）。U8 相关电路如图 2-102 所示。

**4.故障现象：黑屏**

（1）故障维修：此类故障属 C104 损坏，更换后即可排除
故障。

120

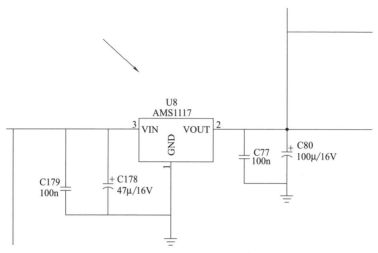

图 2-102　U8 相关电路图

（2）**图文解说**：检修时重点检测 C104。C104 相关电路如图 2-103所示。

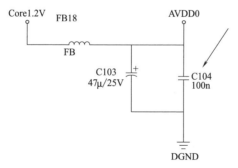

图 2-103　C104 相关电路图

## 5.故障现象：屏显字符花

（1）**故障维修**：此类故障属 U11 第㊱脚到 U9 第⑭脚不通，用一导线连接后即可排除故障。

（2）**图文解说**：检修时重点检测 U11。U11 相关电路如图 2-104所示。

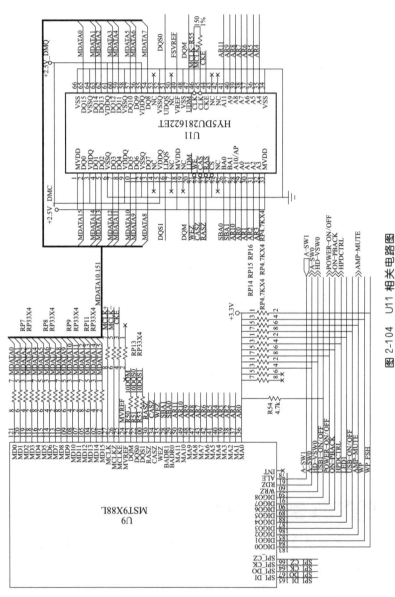

图 2-104 U11 相关电路图

## 6.故障现象：自动开关机

（1）**故障维修**：此类故障属 U7 不良，更换后即可排除故障。

（2）**图文解说**：检修时重点检测 U7。U7 相关电路如图 2-105 所示。

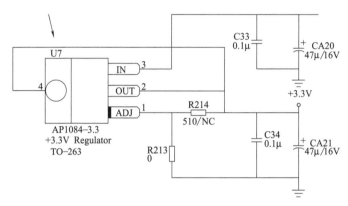

图 2-105　U7 相关电路图

# 第十九节　TCL 王牌 C24E320 型

## 1.故障现象：按键失灵

（1）**故障维修**：此类故障属 U003 不良，更换后即可排除故障。

（2）**图文解说**：检修时重点检测 KEY 脚电压（正常为 3.3V）。U003 相关电路如图 2-106 所示。

## 2.故障现象：不定时扬声器里有嚓嚓的声音

（1）**故障维修**：此类故障属主解码音频输出后的耦合电容 C10、C602 到 U601 的 R637、R640 均有 10Ω 左右阻值，飞线连接后即可排除故障。

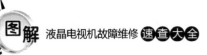

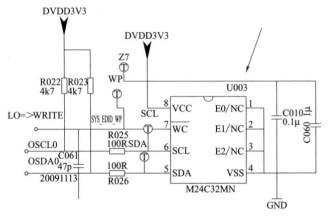

图 2-106　U003 相关电路图

(2) **图文解说**：检修时重点检测 R637、R640。R637、R640 相关电路如图 2-107 所示。

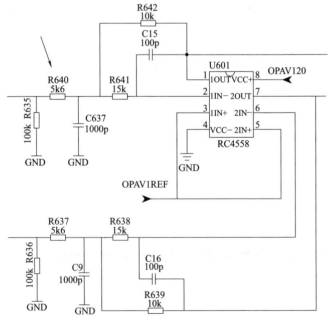

图 2-107　R637、R640 相关电路图

# 第二十节 TCL王牌L42M71F型

## 1.故障现象：图像闪

（1）**故障维修**：此类故障属 U8 不良，更换后即可排除故障。

（2）**图文解说**：检修时重点检测电源 24V、12V 电压。U8 相关电路如图 2-108 所示。

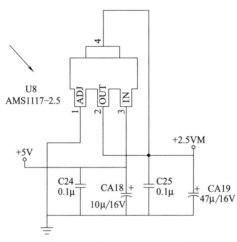

图 2-108 U8 相关电路图

## 2.故障现象：无光栅、无声音、无图像

（1）**故障维修**：此类故障属 C54、C37 不良，更换后即可排除

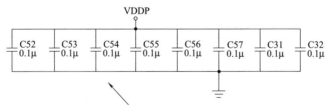

图 2-109 C54 相关电路图

故障。

(2) **图文解说**:检修时重点检测电源板 5V 电压输出。C54 相关电路如图 2-109 所示。

# 第二十一节 TCL 王牌 LE32D99 型

## 1.故障现象:AV/TV 输入有图无声音

(1) **故障维修**:此类故障属电容 C165 不良,用 $5\mu F$ 贴片电容代换即可排除故障。

(2) **图文解说**:检修时重点检测 C162/C165 的对地阻值(正常为 $4.5k\Omega$ 左右)。C165 相关电路如图 2-110 所示。

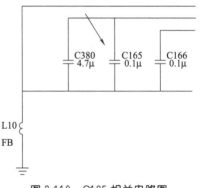

图 2-110　C165 相关电路图

## 2.故障现象:热机后自动关机

(1) **故障维修**:此类故障属 Q1 损坏,更换后即可排除故障。

(2) **图文解说**:检修时重点检测 Q1。Q1 相关电路如图 2-111 所示。

## 3.故障现象:不开机

(1) **故障维修**:此类故障属电阻 R140、R141、R142 不良,

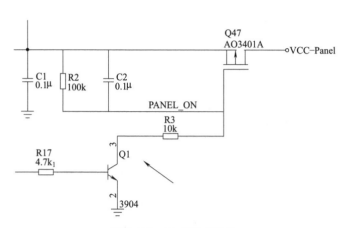

图 2-111　Q1 相关电路图

更换后即可排除故障。

(2) **图文解说**: 检修时重点检测电阻 R140、R141、R142 的阻值 (正常为 $100\Omega$)。R140 相关电路如图 2-112 所示。

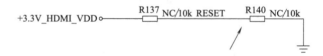

图 2-112　R140 相关电路图

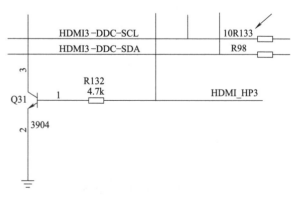

图 2-113　R133 相关电路图

### 4.故障现象：不定时出现不能开机

（1）**故障维修**：此类故障属 R133 到 R136 间过孔阻值不正常，关机用飞线短接后即可排除故障。

（2）**图文解说**：检修时重点检测 R133 到 R136 间过孔阻值。R133 相关电路如图 2-113 所示。

# 第二十二节　TCL 其他机型

### 1.故障现象：L19S10BE 型热机自动关机

（1）**故障维修**：此类故障属电容 C236 不良，更换后即可排除故障。

（2）**图文解说**：检修时重点检测 MST6M58 数字部分供电（正常为 1.26V）。C236 相关电路如图 2-114 所示。

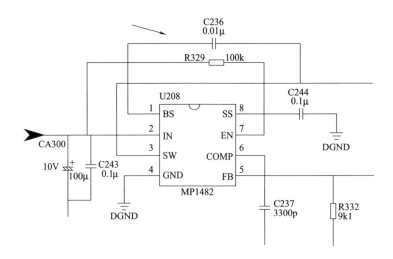

图 2-114　C236 相关电路图

### 2.故障现象：L20E72 型无台

（1）**故障维修**：此类故障属 R315 不良，更换后即可排除故障。

（2）**图文解说**：检修时重点检测 U115 供电（正常为 12V）。R315 相关电路如图 2-115 所示。

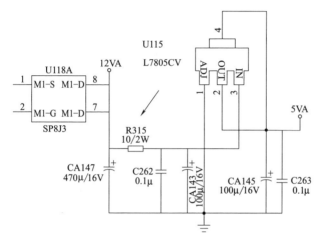

图 2-115　R315 相关电路图

### 3.故障现象：L23P21 型不定时花屏

（1）**故障维修**：此类故障属 U18（ME4953）性能不良，更换后即可排除故障。

（2）**图文解说**：检修时重点检测 U18（ME4953）第③脚输入电压（正常为 5V）。U18（ME4953）相关电路如图 2-116 所示。

### 4.故障现象：L26E5200BD 型不开机

（1）**故障维修**：此类故障属 R205 不良，更换后即可排除故障。

（2）**图文解说**：检修时重点检测 R205。R205 相关电路如

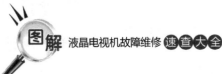

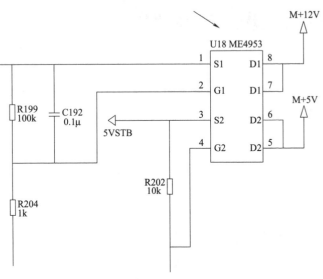

图 2-116　U18 (ME4953) 相关电路图

图 2-117所示。当 U601 不良时也会出现类似故障。

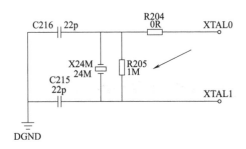

图 2-117　R205 相关电路图

## 5.故障现象：L26E5300B 型声音小

（1）**故障维修**：此类故障属滤波电容 C630 对地短路，更换后即可排除故障。

（2）**图文解说**：检修时重点检测 C630。C630 相关电路如图 2-118所示。

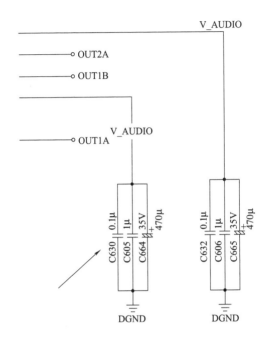

图 2-118　C630 相关电路图

### 6.故障现象：L26E5300B 型有图无声

（1）**故障维修**：此类故障属电阻 R604 不良，更换后即可排除故障。

（2）**图文解说**：检修时重点检测功放 U601 供电（正常为 24V）。R604 相关电路如图 2-119 所示。

### 7.故障现象：L26N5 型不能开机

（1）**故障维修**：此类故障属电容 C232 不良，更换后即可排除故障。

（2）**图文解说**：检修时重点检测 L203 电压值（正常为 1.26V）。C232 相关电路如图 2-120 所示。

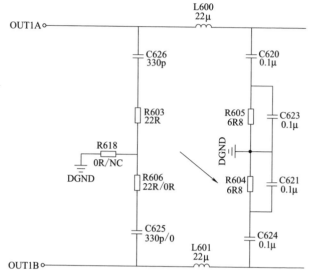

图 2-119 R604 相关电路图

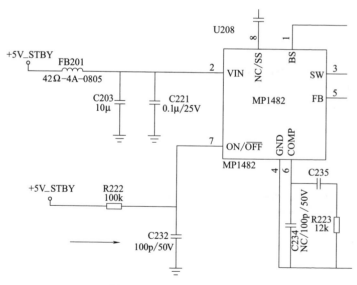

图 2-120 C232 相关电路图

## 8.故障现象：L26N5 型有杂音，有时无声

（1）**故障维修**：此类故障属电容 C710、C711 虚焊漏电，将其拆下重新焊回即可排除故障。

（2）**图文解说**：检修时重点检测 C710 对地阻值（正常为 47kΩ）。C710 相关电路如图 2-121 所示。

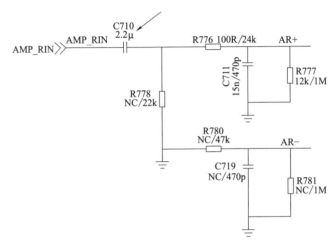

图 2-121　C710 相关电路图

## 9.故障现象：L32E5390A-3D 型开机无声

（1）**故障维修**：此类故障属功放 U701 不良，更换后即可排除故障。

（2）**图文解说**：检修时重点检测 U701。U701 相关电路如图 2-122 所示。

## 10.故障现象：L40V8200-3D 型自动跳菜单

（1）**故障维修**：此类故障属 U700 到 KEY 中间有一电阻 R132 阻值不正常，飞线过去即可排除故障。

（2）**图文解说**：检修时重点检测按键的 KEY 脚电压（正常为

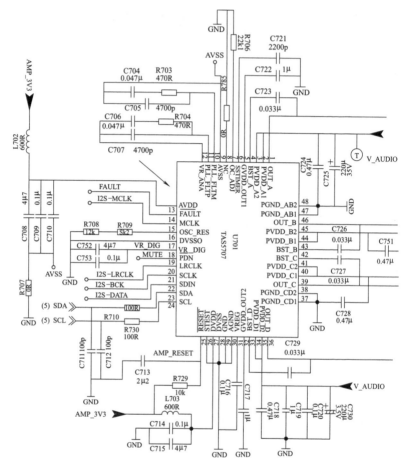

图 2-122　U701 相关电路图

3.3V)。R132 相关电路如图 2-123 所示。

## 11.故障现象：L40X9FRM 型不能开机

（1）**故障维修**：此类故障属 3.3V 电压对 U201 供电过孔不良，连接后即可排除故障。

（2）**图文解说**：检修时重点检测 U201 的第⑭、⑯引脚电压

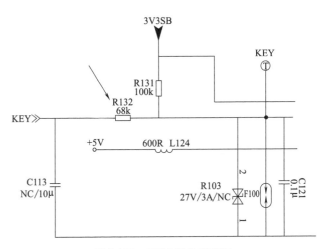

图 2-123　R132 相关电路图

（正常为 3.3V）。U201 相关电路如图 2-124 所示。

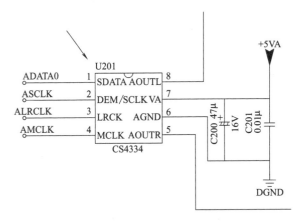

图 2-124　U201 相关电路图

## 12.故障现象：L46V7300A-3D 型灯亮不开机

（1）**故障维修**：此类故障属电阻 R308 不良，更换后即可排除
故障。

（2）图文解说：检修时重点检测次级输入电压（正常为 24V）。R308 相关电路如图 2-125 所示。

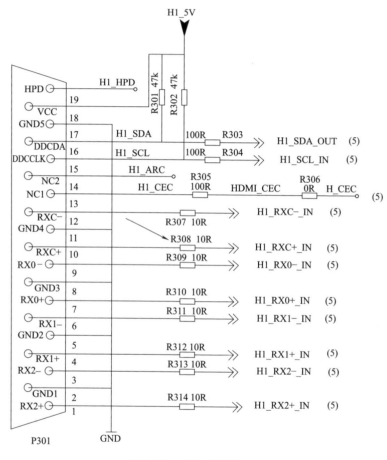

图 2-125　R308 相关电路图

（1）**故障维修：** 此类故障属电容 C204 不良，更换后即可排除故障。

（2）**图文解说**：检修时重点检测 PFC 电压值（正常为 380V）。C204 相关电路如图 2-126 所示。当电阻 R318 不良也会出现类似故障。

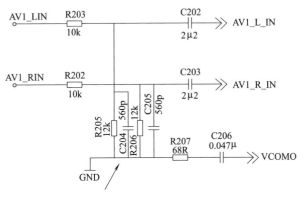

图 2-126　C204 相关电路图

## 14.故障现象：LCD32R19 型热机扬声器有异响有时自动关机

（1）**故障维修**：此类故障属 U304 不良，更换后即可排除故障。

（2）**图文解说**：检修时重点检测 U304 的 3 端稳压 DC 转换电压（正常为 3.3V）。U304 相关电路如图 2-127 所示。

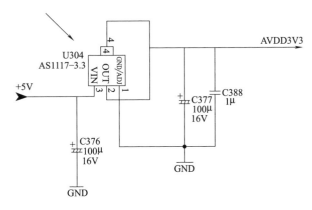

图 2-127　U304 相关电路图

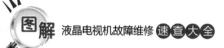

## 15.故障现象：SL27M7 型 AV、TV 均无声音

（1）**故障维修**：此类故障属 U1 不良，更换后即可排除故障。

（2）**图文解说**：检修时重点检测 U1。U1 相关电路如图 2-128 所示。

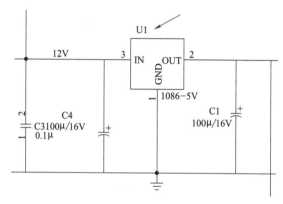

图 2-128　U1 相关电路图

第三章

# 创维液晶电视机

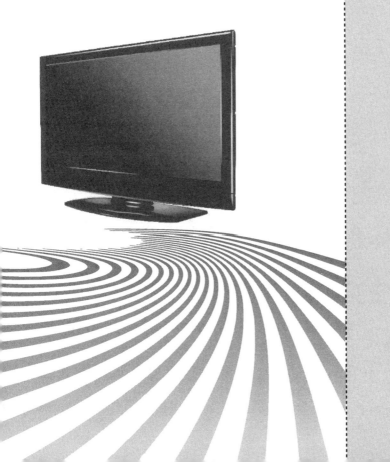

# 第一节　创维 22LEATV 型

**1.故障现象：开机后黑屏，声音正常**

（1）**故障维修：**此类故障属电容 C01 漏电，更换后即可排除故障。

（2）**图文解说：**检修时重点检测背光板上的＋12V 电压。C01 相关电路如图 3-1 所示。

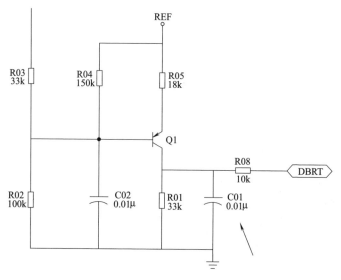

图 3-1　C01 相关电路图

**2.故障现象：黑屏**

（1）**故障维修：**此类故障属电容 C34 虚焊，补焊后即可排除故障。

（2）**图文解说：**检修时重点检测 C34。C34 相关电路如图 3-2 所示。

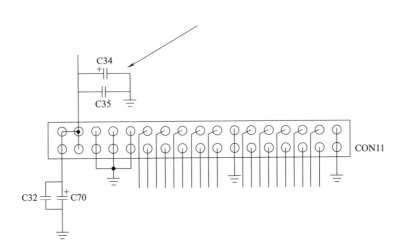

图 3-2　C34 相关电路图

## 3.故障现象：图像正常，对比度不可调

（1）**故障维修**：此类故障属 U16 不良，更换后即可排除故障。

（2）**图文解说**：检修时重点检测 U16。U16 相关电路如图 3-3 所示。

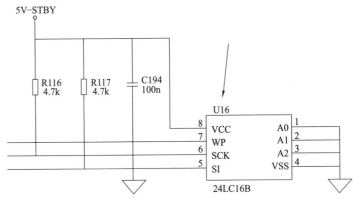

图 3-3　U16 相关电路图

### 4.故障现象：不定时黑屏

（1）**故障维修**：此类故障属 C01 不良，更换后即可排除故障。

（2）**图文解说**：检修时重点检测 C01。C01 相关电路如图 3-4 所示。当 D20 不良时也会出现此类故障。

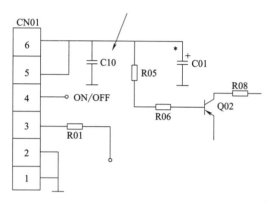

图 3-4　C01 相关电路图

# 第二节　创维 26L16SW 型

### 1.故障现象：声音失真

（1）**故障维修**：此类故障属二极管 D55 开路，更换后即可排除故障。

（2）**图文解说**：检修时重点检测 U25 第㉘脚供电（正常为 9V）。D55 相关电路如图 3-5 所示。

### 2.故障现象：开机 5s 左右黑屏有声音

（1）**故障维修**：此类故障属高压电容 C28 不良，更换后即可排除故障。

（2）**图文解说**：检修时重点检测背光板 24V 电压。C28 相关

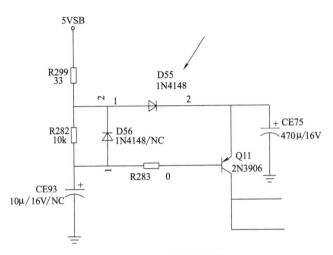

图 3-5　D55 相关电路图

电路如图 3-6 所示。

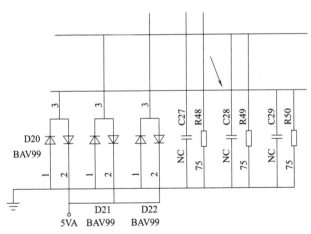

图 3-6　C28 相关电路图

## 3.故障现象：不开机

（1）故障维修：此类故障属 U3（24C32）不良，更换后即可排除故障。

（2）**图文解说**：检修时重点检测 U3。U3 相关电路如图 3-7 所示。

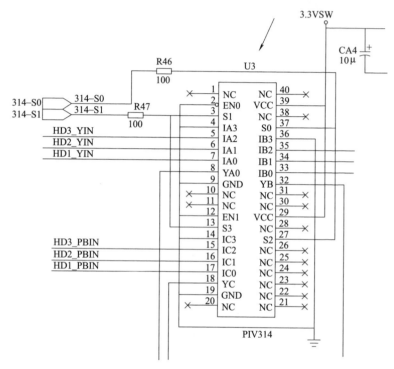

图 3-7 U3 相关电路图

**4.故障现象：有异响**

（1）**故障维修**：此类故障属 C1 不良，更换后即可排除故障。

（2）**图文解说**：检修时重点检测 C1。C1 相关电路如图 3-8 所示。

**5.故障现象：背光不亮**

（1）**故障维修**：此类故障属 Q19 不良，更换后即可排除故障。

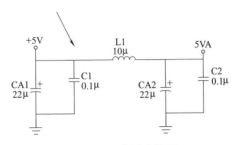

图 3-8　C1 相关电路图

（2）**图文解说：**检修时重点检测背光板电压（正常为 24V）。Q19 相关电路如图 3-9 所示。

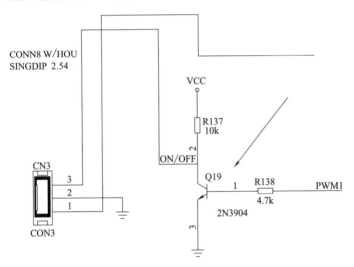

图 3-9　Q19 相关电路图

## ⁝⁝⁝ 6.故障现象：背光亮一下即熄灭

（1）**故障维修：**此类故障属 R565 阻值变大，更换后即可排除故障。

（2）**图文解说：**检修时重点检测 IC501 的第⑥脚电压（正常为 1.5V）。R565 相关电路如图 3-10 所示。

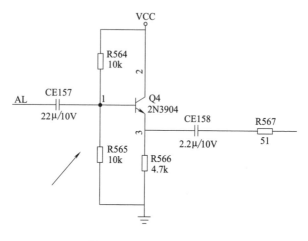

图 3-10　R565 相关电路图

**7.故障现象:异响不开机**

（1）**故障维修**：此类故障属 IC601 损坏，将电容 C606 由 $0.68\mu F/50V$ 换成 $1\mu F/5V$ 即可排除故障。

（2）**图文解说**：检修时重点检测 IC601。C606 相关电路如图 3-11 所示。

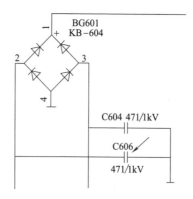

图 3-11　C606 相关电路图

### 8.故障现象：天气冷出现背光灭

（1）**故障维修**：此类故障属 R17 不良，断开 R17 即可排除故障。

（2）**图文解说**：检修时重点检测 R17。R17 相关电路如图 3-12 所示。

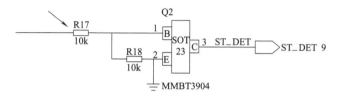

图 3-12　R17 相关电路图

### 9.故障现象：开机白屏

（1）**故障维修**：此类故障属 U2 不良，更换后即可排除故障。

（2）**图文解说**：检修时重点检测 U2。U2 相关电路如图 3-13 所示。

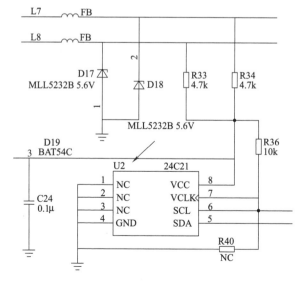

图 3-13　U2 相关电路图

# 第三节　创维 42L881W 型

## 1.故障现象：TV/AV 均彩色不良

（1）**故障维修**：此类故障属 U10（TVP5147）不良，更换后即可排除故障。

（2）**图文解说**：检修时重点检测 U10。U10 相关电路如图 3-14 所示。

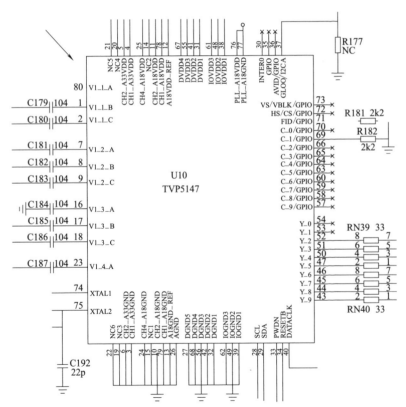

图 3-14　U10 相关电路图

## 2.故障现象：AV1 无图像

（1）**故障维修**：此类故障属电阻 R132 开路，更换后即可排除故障。

（2）**图文解说**：检修时重点检测 R132。R132 相关电路如图 3-15所示。

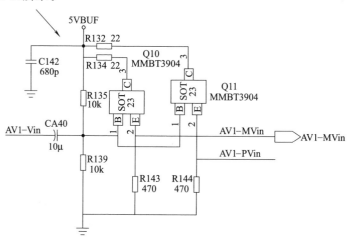

图 3-15　R132 相关电路图

## 3.故障现象：个别台无颜色

（1）**故障维修**：此类故障属晶振 Y3 不良，更换后即可排除故障。

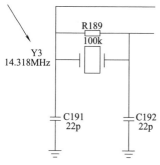

图 3-16　Y3 相关电路图

（2）**图文解说**：检修时重点检测 Y3。Y3 相关电路如图 3-16 所示。

# 第四节　创维 37L881W 型

**1.故障现象：声音制式与音量大小不能记忆**

（1）**故障维修**：此类故障属 U13 损坏，更换后即可排除故障。

（2）**图文解说**：检修时重点检测 U13。U13 相关电路如图 3-17所示。

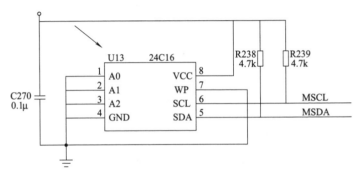

图 3-17　U13 相关电路图

**2.故障现象：背光不亮有声**

（1）**故障维修**：此类故障属 CPU 第⑨脚至 R103 的板线过孔不良，有导线短接后即可排除故障。

（2）**图文解说**：检修时重点检测 5V 电压输入。R103 相关电路如图 3-18 所示。

**3.故障现象：无图像**

（1）**故障维修**：此类故障属 U22 不良，更换后即可排除故障。

（2）**图文解说**：检修时重点检测 U15 的 RTC 时钟供电（正常

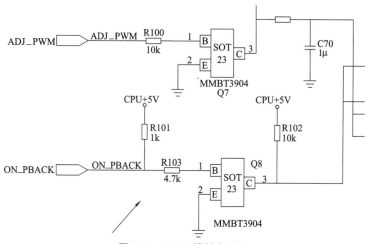

图 3-18 R103 相关电路图

为 3.3V)。U22 相关电路如图 3-19 所示。

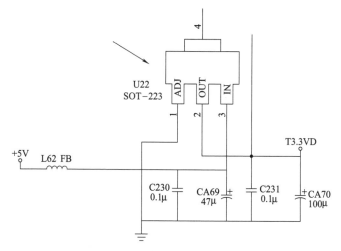

图 3-19 U22 相关电路图

**4.故障现象：电源指示灯不亮，不开机**

（1）**故障维修**：此类故障属 U5 不良，更换后即可排除故障。

(2) **图文解说**：检修时重点检测 U5。U5 相关电路如图 3-20 所示。

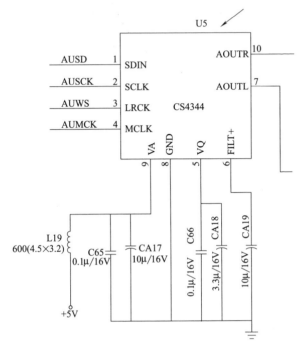

图 3-20　U5 相关电路图

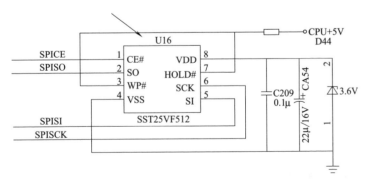

图 3-21　U16 相关电路图

**5.故障现象：背光亮，声音正常但无图像**

（1）**故障维修**：此类故障属 U16 虚焊，更换后即可排除故障。

（2）**图文解说**：检修时重点检测屏供电（正常为 12V）。U16 相关电路如图 3-21 所示。

# 第五节　创维 47L20HF 型

**1.故障现象：黑屏**

（1）**故障维修**：此类故障属 R104 不良，将其拆下即可排除故障。

（2）**图文解说**：检修时重点检测 R104。R104 相关电路如图 3-22所示。

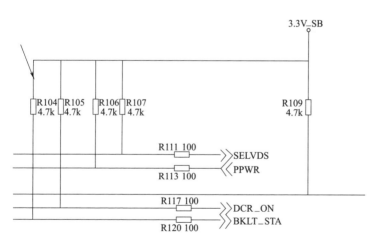

图 3-22　R104 相关电路图

**2.故障现象：有声无光栅**

（1）**故障维修**：此类故障属电阻 R10 不良，将其去掉即可排除故障。

（2）**图文解说**：检修时重点检测 R10。R10 相关电路如图 3-23 所示。

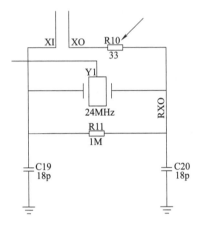

图 3-23　R10 相关电路图

**3.故障现象**：水波纹干扰

（1）**故障维修**：此类故障属电容 C167 电容容量设计太小，在 C167 背面加焊 $100\mu F/16V$ 的钽电解电容即可排除故障。

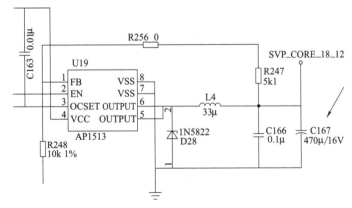

图 3-24　C167 相关电路图

（2）**图文解说：** 检修时重点检测 C167。C167 相关电路如图 3-24所示。

# 第六节 创维 37L18HC 型

## 1.故障现象：花屏

（1）**故障维修：** 此类故障属 U28 不良，更换后即可排除故障。

（2）**图文解说：** 检修时重点检测 U28 电压（正常为 5V）。U28 相关电路如图 3-25 所示。

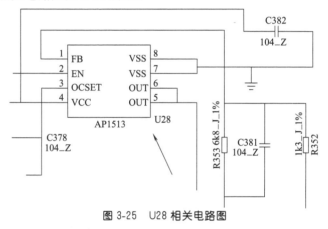

图 3-25 U28 相关电路图

## 2.故障现象：图像时有时无

（1）**故障维修：** 此类故障属电阻 R253 虚焊，补焊后即可排除故障。

（2）**图文解说：** 检修时重点检测 R253。R253 相关电路如图 3-26所示。

## 3.故障现象：跑台，重新搜台后图像颜色不良

（1）**故障维修：** 此类故障属 U27 不良，更换后即可排除故障。

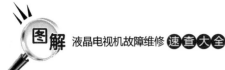
液晶电视机故障维修 速查大全

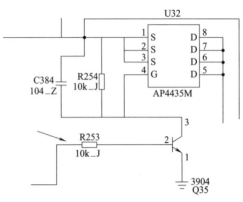

图 3-26　R253 相关电路图

（2）图文解说：检修时重点检测 U27。U27 相关电路如图 3-27所示。

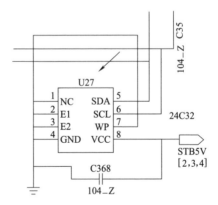

图 3-27　U27 相关电路图

### 4.故障现象：开机后指示灯为绿色指示灯，5～15s 后转为红色指示灯待机

（1）故障维修：此类故障属 U78 损坏，更换后即可排除故障。

（2）图文解说：检修时重点检测 U78。U78 相关电路如图 3-28所示。

156

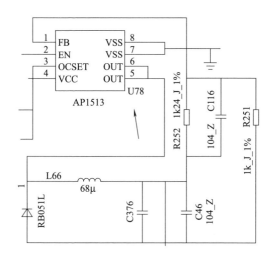

图 3-28  U78 相关电路图

## 5.故障现象：黑屏绿色指示灯亮

（1）**故障维修**：此类故障属电容 C113 漏电，更换后即可排除故障。

（2）**图文解说**：检修时重点检测 U600 供电（正常为 1.8V）。C113 相关电路如图 3-29 所示。

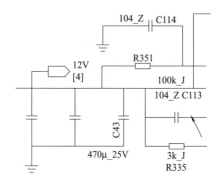

图 3-29  C113 相关电路图

# 第七节 创维 37L16HC 型

**1.故障现象:** 白屏或绿屏

(1) **故障维修:** 此类故障属 D5 损坏,更换后即可排除故障。

(2) **图文解说:** 检修时重点检测 D5。D5 相关电路如图 3-30 所示。

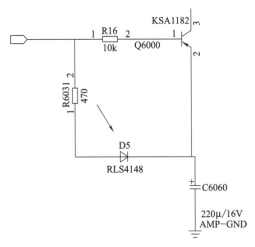

图 3-30　D5 相关电路图

**2.故障现象:** 使用 USB 无图像

(1) **故障维修:** 此类故障属 U8 不良,更换后即可排除故障。

(2) **图文解说:** 检修时重点检测 U8。U8 相关电路如图 3-31 所示。

**3.故障现象:** 图像闪

(1) **故障维修:** 此类故障属电源板损坏,将 C21 由 $22\mu F$ 改为 $47\mu F$、C43 由 104 改为 684、R55 由 $1.5k\Omega$ 改为 $1k\Omega$ 后即可排除

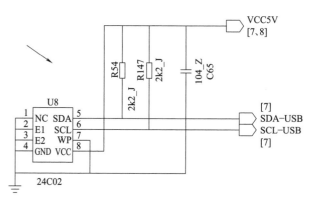

图 3-31　U8 相关电路图

故障。

（2）**图文解说**：检修时重点检测在带上负载时的 24V 电压输出。R55 相关电路如图 3-32 所示。

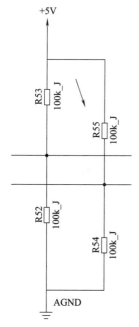

图 3-32　R55 相关电路图

# 第八节　创维 37L17SW 型

## 1.故障现象：屏幕闪烁

（1）**故障维修**：此类故障属 U6 不良，更换后即可排除故障。

（2）**图文解说**：检修时重点检测 24V 供电。U6 相关电路如图 3-33 所示。

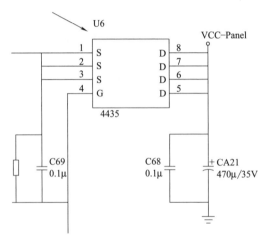

图 3-33　U6 相关电路图

## 2.故障现象：背光亮黑屏

（1）**故障维修**：此类故障属 L20 不良，更换后即可排除故障。

（2）**图文解说**：检修时重点检测 L20 输入电压（正常为 12V）。L20 相关电路如图 3-34 所示。

## 3.故障现象：播放正常，无法刻录

（1）**故障维修**：此类故障属 U11 第⑦④、⑦⑤脚外接晶振异常，更换后即可排除故障。

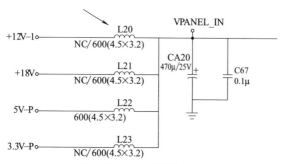

图 3-34 L20 相关电路图

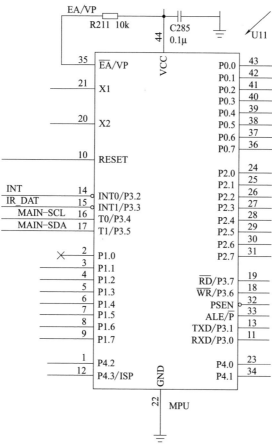

图 3-35 U11 相关电路图

（2）**图文解说**：检修时重点检测 U11。U11 相关电路如图 3-35所示。

### 4.故障现象： USB 输入时出现黑屏

（1）**故障维修**：此类故障属 U5 不良，更换后即可排除故障。

（2）**图文解说**：检修时重点检测 U5。U5 相关电路如图 3-36 所示。

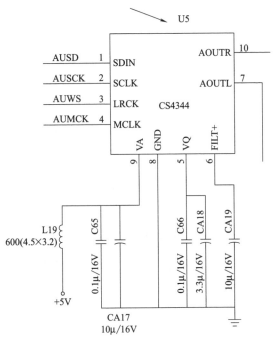

图 3-36　U5 相关电路图

### 5.故障现象： 使用 USB 声音小

（1）**故障维修**：此类故障属 C22 虚焊，补焊后即可排除故障。

（2）**图文解说**：检修时重点检测 C22。C22 相关电路如图 3-37 所示。

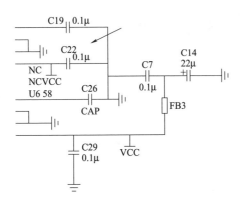

图 3-37　C22 相关电路图

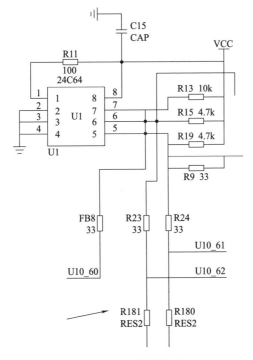

图 3-38　R181 相关电路图

**6.故障现象：AV 无图像**

（1）**故障维修**：此类故障属 R181 虚焊，补焊后即可排除故障。

（2）**图文解说**：检修时重点检测 R181。R181 相关电路如图 3-38所示。

# 第九节　创维其他机型

**1.故障现象：26L03HR 型无声音**

（1）**故障维修**：此类故障属电容 C406、C408 不良，更换后即可排除故障。

（2）**图文解说**：检修时重点检测 Q401 的 C 极电压（正常为4V）。C406 相关电路如图 3-39 所示。

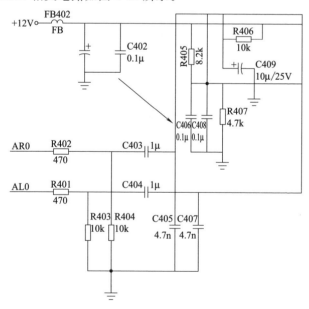

图 3-39　C406 相关电路图

## 2.故障现象：26L98PW 型换台后出现"呜呜"声

（1）**故障维修**：此类故障属 R44 不良，更换后即可排除故障。

（2）**图文解说**：检修时重点检测 R44。R44 相关电路如图 3-40 所示。

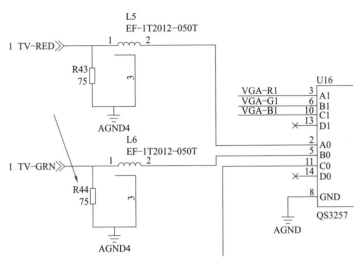

图 3-40 R44 相关电路图

## 3.故障现象：8K21 型机芯待机后开机白屏

（1）**故障维修**：此类故障属 R966、R967 不良，将其改小即可排除故障。

（2）**图文解说**：检修时重点检测待机电压（正常为 16V）。R966、R967 相关电路如图 3-41 所示。

## 4.故障现象：8K21 型机芯无台

（1）**故障维修**：此类故障属电容 C115 漏电，更换后即可排除故障。

（2）**图文解说**：检修时重点检测高频头供电（正常为 33V）。

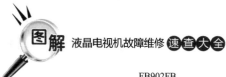

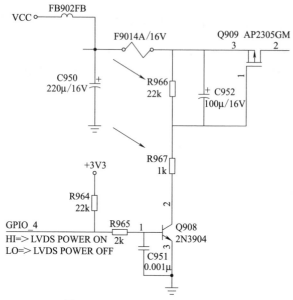

图 3-41　R966、R967 相关电路图

C115 相关电路如图 3-42 所示。

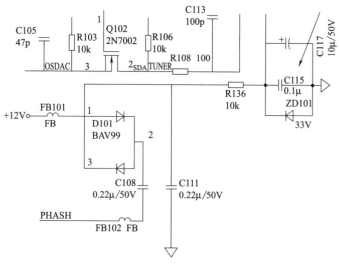

图 3-42　C115 相关电路图

### 5.故障现象：8K22 型机芯收台少

（1）**故障维修**：此类故障属贴片电容 C184 漏电，将其去掉即可排除故障。

（2）**图文解说**：检修时重点检测高频头电压（正常为 33V）。C184 相关电路如图 3-43 所示。

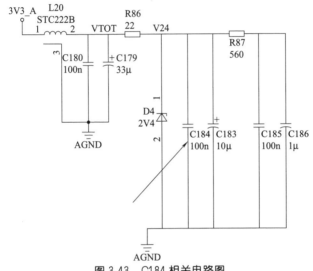

图 3-43　C184 相关电路图

### 6.故障现象：8TAG 型机芯不开机红色指示灯亮

（1）**故障维修**：此类故障属 D46 或 D47 损坏，更换后即可排除故障。

（2）**图文解说**：检修时重点检测 U26 输出电压（正常为1.8V）。D46、D47 相关电路如图 3-44 所示。

### 7.故障现象：15AAB / 8TT1 型刚开机能看到画面，1s 后有声无像，背光灯不亮

（1）**故障维修**：此类故障属 C18、C24 不良，更换后即可排除

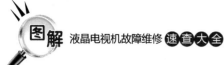

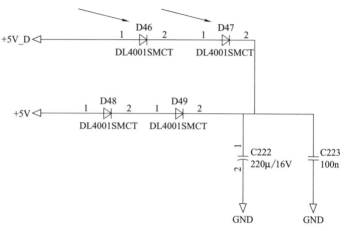

图 3-44　D46、D47 相关电路图

故障。

（2）**图文解说**：检修时重点检测 C18、C24。C18、C24 相关电路如图 3-45 所示。

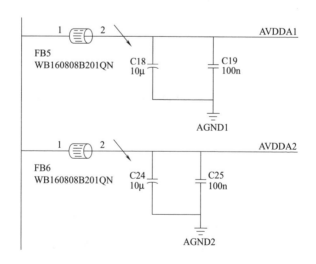

图 3-45　C18、C24 相关电路图

## 8.故障现象： 19L11IW 型搜不到台

（1）**故障维修**：此类故障属 D6、C93 不良，更换后即可排除
故障。

（2）**图文解说**：检修时重点检测调谐电压（正常为 33V）。
C93 相关电路如图 3-46 所示。

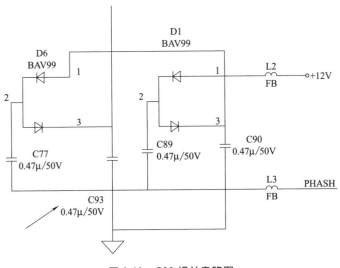

图 3-46　C93 相关电路图

## 9.故障现象： 19L11IW 型无声

（1）**故障维修**：此类故障属 R1 电阻开路，更换后即可排除
故障。

（2）**图文解说**：检修时重点检测 R1。R1 相关电路如图 3-47
所示。

## 10.故障现象： 20L98TV 自动开关机

（1）**故障维修**：此类故障属 IC2、IC3 不良，更换后即可排除
故障。

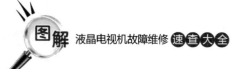

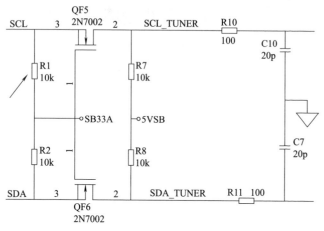

图 3-47　R1 相关电路图

（2）**图文解说**：检修时重点检测 IC2、IC3。IC2、IC3 相关电路如图 3-48 所示。

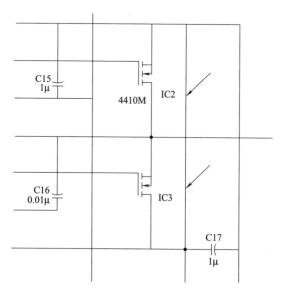

图 3-48　IC2、IC3 相关电路图

## 11.故障现象：26L03HR 型无图像

（1）故障维修：此类故障属 C132 漏电，更换后即可排除故障。

（2）图文解说：检修时重点检测 IC101 第⑫脚电压（正常为1.6V）。C132 相关电路如图 3-49 所示。

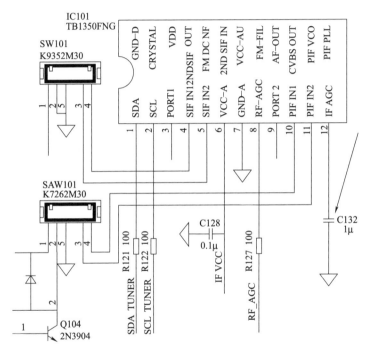

图 3-49　C132 相关电路图

## 12.故障现象：26L08HR／8K21 机芯不定时开机困难

（1）故障维修：此类故障属 D606 不良，更换后即可排除故障。

（2）图文解说：检修时重点检测 IC601、IC602 供电（正常分别为 3.29V、1.28V）。D606 相关电路如图 3-50 所示。

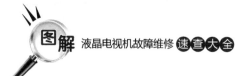

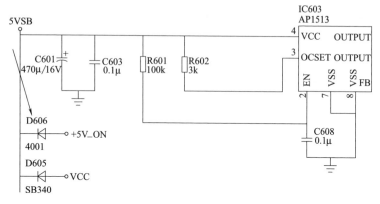

图 3-50　D606 相关电路图

**13.故障现象：** **26L08HR 型屏幕一半暗一半亮**

（1）**故障维修**：此类故障属 IC502 不良，更换后即可排除故障。

（2）**图文解说**：检修时重点检测 IC502。IC502 相关电路如图 3-51 所示。

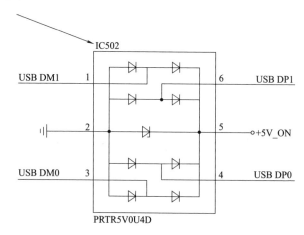

图 3-51　IC502 相关电路图

## 14.故障现象：32P95MV 拔下电源线或关断电源开关后再开机指示灯不亮

（1）**故障维修**：此类故障属 C210、C211 不良，更换后即可排除故障。

（2）**图文解说**：检修时重点检测 C210、C211。C211 相关电路如图 3-52 所示。

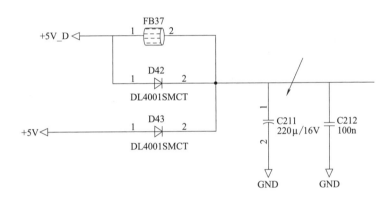

图 3-52  C211 相关电路图

## 15.故障现象：32P95MV 型开机蓝屏，开机 2s 后黑屏

（1）**故障维修**：此类故障属 U14 不良，更换后即可排除故障。

（2）**图文解说**：检修时重点检测 U14。U14 相关电路如图 3-53所示。

## 16.故障现象：37M11HM 型不开机指示灯亮

（1）**故障维修**：此类故障属电阻 R317 变质，更换后即可排除故障。

（2）**图文解说**：检修时重点检测电源板 12V/24V 输出。R317 相关电路如图 3-54 所示。

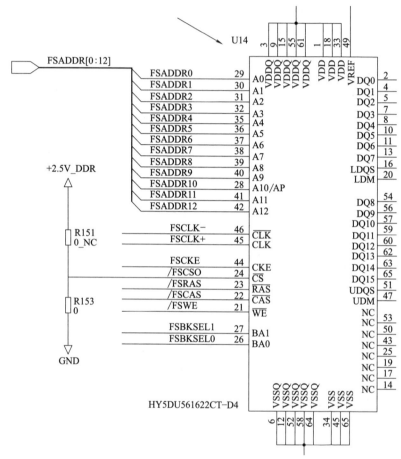

图 3-53　U14 相关电路图

:::::: **17.故障现象：** **40LBAIW 型屏粉红色无字符**

（1）**故障维修：** 此类故障属 U18 不良，更换后即可排除故障。

（2）**图文解说：** 检修时重点检测 U18。U18 相关电路如图 3-55所示。

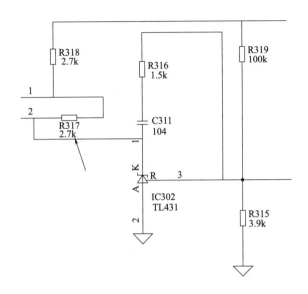

图 3-54　R317 相关电路图

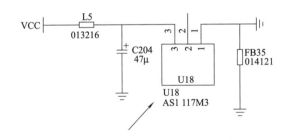

图 3-55　U18 相关电路图

## :::: 18.故障现象：40LBAIW 型字符扭曲

（1）**故障维修**：此类故障属晶振 Y1 不良，更换后即可排除
故障。

（2）**图文解说**：检修时重点检测 Y1。Y1 相关电路如图 3-56
所示。

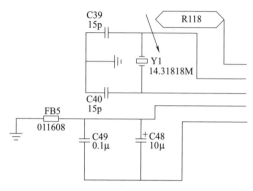

图 3-56　Y1 相关电路图

### ▌19.故障现象：▌42L05HF 型背光亮一下就灭

（1）**故障维修**：此类故障属电容 C707、C710 不良，更换后即可排除故障。

（2）**图文解说**：检修时重点检测 C707、C710。

### ▌20.故障现象：▌42L16HC 型图像不稳定

（1）**故障维修**：此类故障属电容 C115 漏电，更换后即可排除故障。

（2）**图文解说**：检修时重点检测 U78 输出电压（正常为 1.8V）。C115 相关电路如图 3-57 所示。

### ▌21.故障现象：▌42L16HC 型音量不稳定

（1）**故障维修**：此类故障属键控板上 R7 键控接地电阻虚焊，补焊后即可排除故障。

（2）**图文解说**：检修时重点检测 R7。R7 相关电路如图 3-58 所示。

### ▌22.故障现象：▌42L16SW 型时间显示不正常

（1）**故障维修**：此类故障属 U15 不良，更换后即可排除故障。

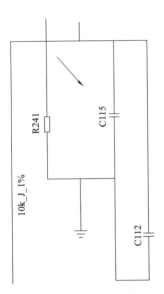

图 3-57　C115 相关电路图

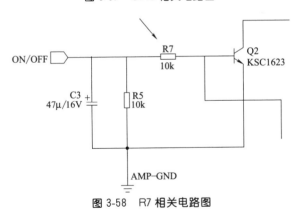

图 3-58　R7 相关电路图

（2）**图文解说**：检修时重点检测总线电压（正常为 2.5V 左右）。U15 相关电路如图 3-59 所示。

**23.故障现象：42L16SW 型无录像**

（1）**故障维修**：此类故障属电感 L18 不良，将其断开即可排

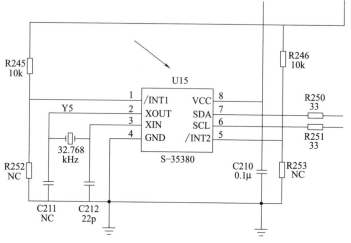

图 3-59　U15 相关电路图

除故障。

（2）**图文解说**：检修时重点检测 TVP5147 第㉓脚输入信号。L18 相关电路如图 3-60 所示。

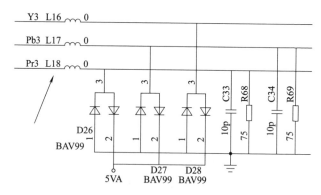

图 3-60　L18 相关电路图

## 24. 故障现象：46LBAWW 型不开机

（1）**故障维修**：此类故障属电源板的 F1、C49、D6 损坏，更换后即可排除故障。

（2）**图文解说**：检修时重点检测 F1、C49、D6。D6 相关电路如图 3-61 所示。

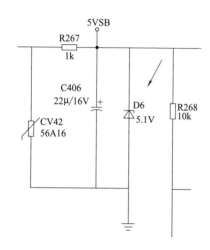

图 3-61 D6 相关电路图

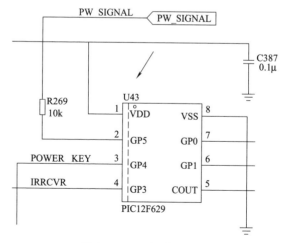

图 3-62 U43 相关电路图

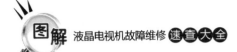

## 25.故障现象： 46LBAWW 型遥控失灵

（1）**故障维修**：此类故障属 U43 不良，更换后即可排除故障。

（2）**图文解说**：检修时重点检测 U43。U43 相关电路如图 3-62所示。

# 第 ④ 章

# 康佳液晶电视机

# 第一节 康佳 LC42DS30D 型

**1.故障现象：** 开机后指示灯亮，不能二次开机

（1）**故障维修**：此类故障属 QB902 发射极与集电极之间开路损坏，更换一只型号为 PBSSS160 的三极管后即可排除故障。

（2）**图文解说**：检修时重点检测＋12V 与＋24V 电压输出。QB902 相关电路如图 4-1 所示。

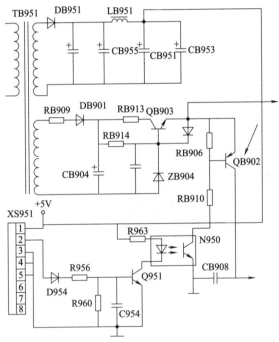

图 4-1　QB902 相关电路图

**2.故障现象：** 不选台，雪花噪点

（1）**故障维修**：此类故障属电容 C132 不良，更换后即可排除

故障。

（2）**图文解说**：检修时重点检测总线电压第④、⑤脚供电（正常为 5V）。C132 相关电路如图 4-2 所示。

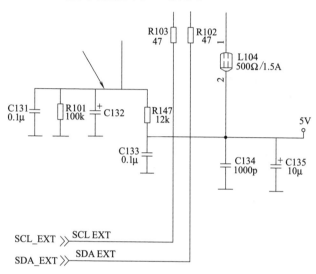

**图 4-2　C132 相关电路图**

**3.故障现象：声音断续**

（1）**故障维修**：此类故障属电感 L210 不良，更换后即可排除故障。

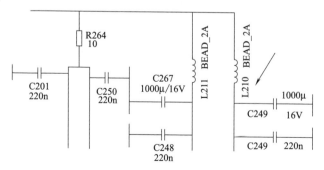

**图 4-3　L210 相关电路图**

（2）**图文解说**：检修时重点检测 L210。L210 相关电路如图 4-3 所示。

::::::**4.故障现象**：**热机图闪**

（1）**故障维修**：此类故障属 V804 性能不良，更换后即可排除故障。

（2）**图文解说**：检修时重点检测 V804。V804 相关电路如图 4-4 所示。

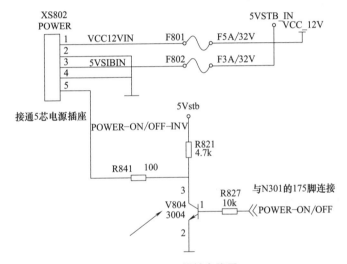

图 4-4  V804 相关电路图

# 第二节  康佳 PDP4218 型

::::::**1.故障现象**：**开机后电源板上的指示灯 LED8001 不亮，数秒后继电器跳开进入保护状态**

（1）**故障维修**：此类故障属电容 C8028 漏电，更换后即可排除故障。

（2）**图文解说**：检修时重点检测 C8028。C8028 相关电路如图
4-5 所示。

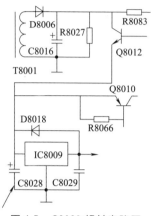

**图 4-5　C8028 相关电路图**

### 2.故障现象：通电开机后电路保护

（1）**故障维修**：此类故障属滤波电容 IC8025 损坏，更换后即
可排除故障。

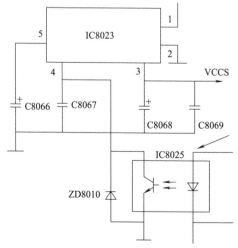

**图 4-6　IC8025 相关电路图**

（2）**图文解说**：检修时重点检测 IC8025。IC8025 相关电路如图 4-6 所示。

**3.故障现象**：**通电开机后电源保护，红色指示灯 LED8004 点亮**

（1）**故障维修**：此类故障属二极管 D8015 开路损坏，更换后即可排除故障。

（2）**图文解说**：检修时重点检测 FIB-VCC 电压（正常为 4.3V 左右）。D8015 相关电路如图 4-7 所示。

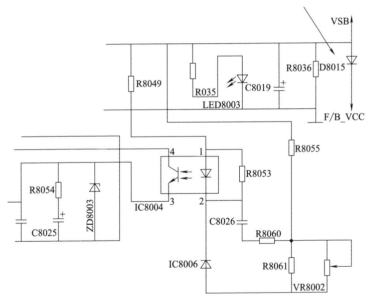

图 4-7　D8015 相关电路图

**4.故障现象**：**不能开机指示灯不亮**

（1）**故障维修**：此类故障属 IC8010 损坏，更换后即可排除故障。

（2）**图文解说**：检修时重点检测 IC8010。IC8010 相关电路如

图 4-8 所示。

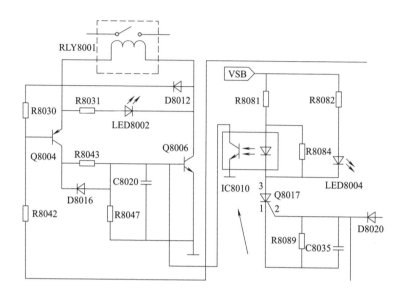

图 4-8　IC8010 相关电路图

**5.故障现象：** VSET 电压高达 242V，其他支路电压正常

（1）**故障维修：** 此类故障属电阻 R8099 阻值不正常，更换后即可排除故障。

（2）**图文解说：** 检修时重点检测 VSET 电压（正常为 135～165V）。R8099 相关电路如图 4-9 所示。

**6.故障现象：** 电源板的 LED8003、LED8002 指示灯亮，但 LED8001 不亮，几秒后继电器转换保护

（1）**故障维修：** 此类故障属 Q8012 不良，更换后即可排除故障。

（2）**图文解说：** 检修时重点检测 DV-VCC 电压（正常为 15V）。Q8012 相关电路如图 4-10 所示。

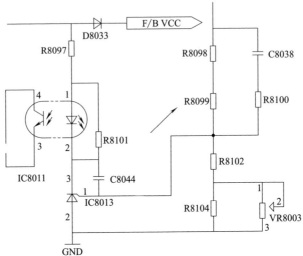

图 4-9　R8099 相关电路图

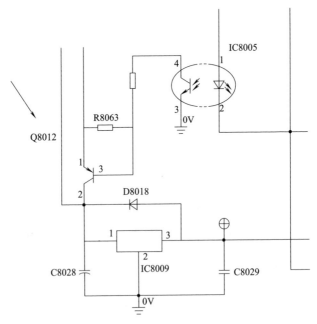

图 4-10　Q8012 相关电路图

## 7.故障现象：通电 5s 后 LED8001、LED8002 指示灯熄灭，继电器断开保护

（1）**故障维修**：此类故障属 IC8027 不良，更换后即可排除故障。

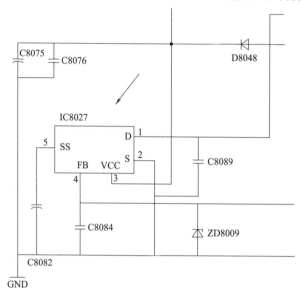

图 4-11　IC8027 相关电路图

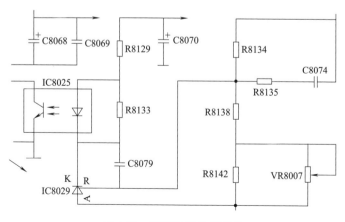

图 4-12　IC8029 相关电路图

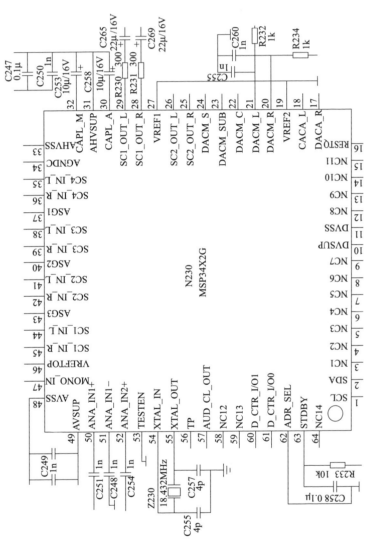

图 4-13 N230 相关电路图

（2）**图文解说**：检修时重点检测 VE 电压（正常为 16V 左右）。IC8027 相关电路如图 4-11 所示。

### 8.故障现象：通电 VA 电压滤波电容 C8059 即炸裂

（1）**故障维修**：此类故障属 IC8029 损坏，将其更换，并更换 C8059、C8060 后即可排除故障。

（2）**图文解说**：检修时重点检测 IC8029。IC8029 相关电路如图 4-12 所示。

### 9.故障现象：有图无声

（1）**故障维修**：此类故障属 N230 不良，更换后即可排除故障。

（2）**图文解说**：检修时重点检测 N230。N230 相关电路如图 4-13 所示。

### 10.故障现象：指示灯不亮无光栅、无声音、无图像

（1）**故障维修**：此类故障属滤波电容 C8017、保险丝 F8002、IC8003 不良，更换后即可排除故障。

（2）**图文解说**：检修时重点检测 IC8003。IC8003 相关电路如图 4-14 所示。

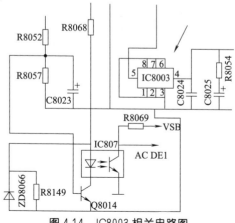

图 4-14  IC8003 相关电路图

# 第三节 康佳 LC-1520T 型

**1.故障现象:** 通电开机电源指示灯亮,面板控制按键失灵

(1) **故障维修:** 此类故障属 U501 不良,更换后即可排除故障。

(2) **图文解说:** 检修时重点检测 U900 的第②脚输出端电压(正常为 5V)。U501 相关电路如图 4-15 所示。

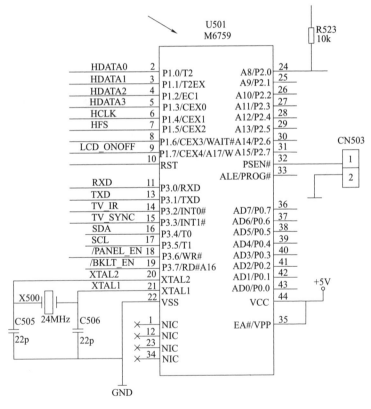

图 4-15 U501 相关电路图

**2.故障现象：无光栅无图像**

（1）**故障维修**：此类故障属 U900 内部损坏，更换后即可排除故障。

（2）**图文解说**：检修时重点检测 U900 的 5V 电压输出。U900 相关电路如图 4-16 所示。

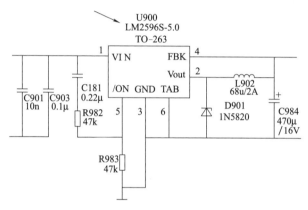

图 4-16　U900 相关电路图

**3.故障现象：TV 图声正常，AV 有图无声**

（1）**故障维修**：此类故障属 TDA7440D 内部损坏，更换后即可排除故障。

（2）**图文解说**：检修时重点检测 TDA7440D。TDA7440D 相关电路如图 4-17 所示。

**4.故障现象：热机无声音**

（1）**故障维修**：此类故障属 U204 不良，更换后即可排除故障。

（2）**图文解说**：检修时重点检测声音块 U203 供电（正常为 12V）。U204 相关电路如图 4-18 所示。

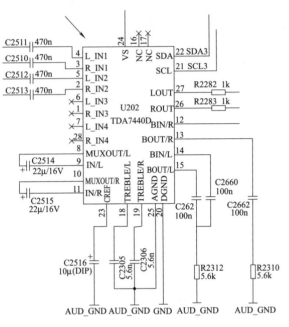

图 4-17　TDA7440D 相关电路图

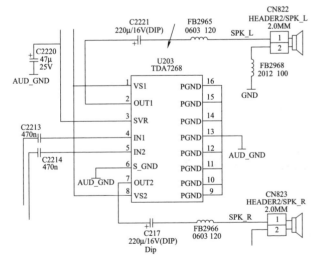

图 4-18　U204 相关电路图

# 第四节　康佳 LC-TM3718 型

## 1.故障现象：关机后无记忆

（1）**故障维修：**此类故障属存储器 D001 不良，更换后写入正常数据即可排除故障。

（2）**图文解说：**检修时重点检测 D001。D001 相关电路如图 4-19所示。

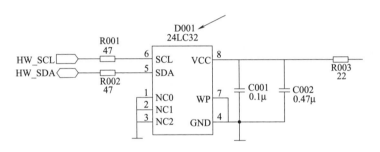

图 4-19　D001 相关电路图

## 2.故障现象：有图无声

（1）**故障维修：**此类故障属 N230 不良，更换后即可排除故障。

（2）**图文解说：**检修时重点检测 N230。N230 相关电路如图 4-20 所示。

## 3.故障现象：无光栅、无声音、无图像指示灯不亮

（1）**故障维修：**此类故障属 D030 不良，更换后即可排除故障。

（2）**图文解说：**检修时重点检测 XS621 的第①、②脚电压（正常为 2V 左右）。D030 相关电路如图 4-21 所示。

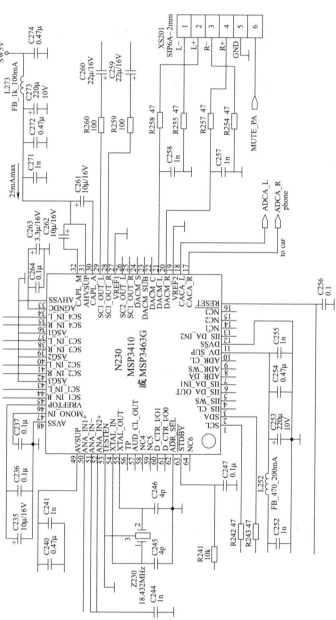

图 4-20 N230 相关电路图

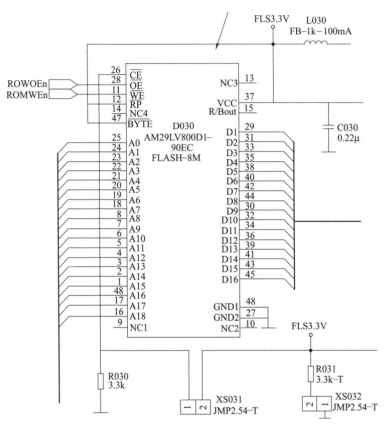

图 4-21　D030 相关电路图

# 第五节　康佳 LC-TM2611 型

## 1.故障现象：有声无图、背光灯不亮

（1）**故障维修**：此类故障属瓷片电容 C47 对地短路，更换后即可排除故障。

（2）**图文解说**：检修时重点检测电源板上 24V 输出。C47 相关电路如图 4-22 所示。

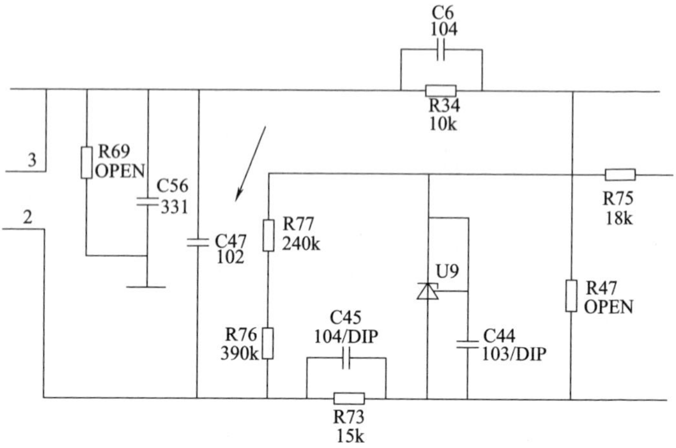


图 4-22　C47 相关电路图

## 2.故障现象：无图像

**(1) 故障维修：** 此类故障属 N804 损坏，更换后即可排除故障。

**(2) 图文解说：** 检修时重点检测 N412 第(59)、(69)、(76)脚供电（正常为 5V）。N804 相关电路如图 4-23 所示。

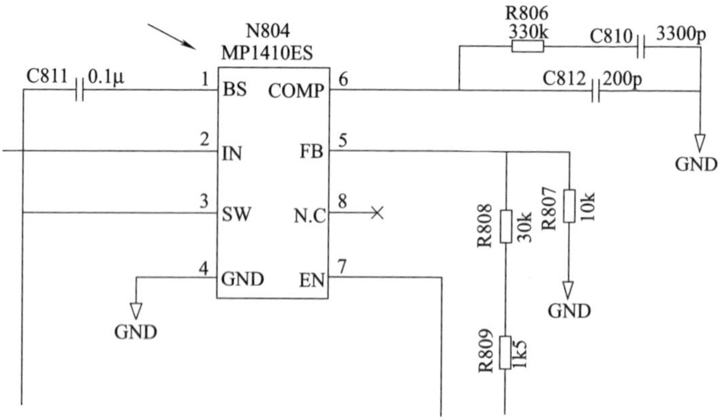


图 4-23　N804 相关电路图

### 3.故障现象：蓝屏无声音、无图像无字符

（1）**故障维修**：此类故障属 Z501 不良，更换后即可排除故障。

（2）**图文解说**：检修时重点检测 Z501。Z501 相关电路如图 4-24所示。

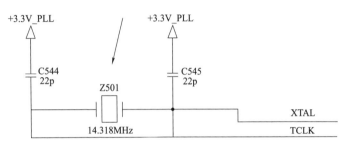

图 4-24　Z501 相关电路图

# 第六节　康佳 LC52DT08DC 型

### 1.故障现象：开机状态时无背光电源

（1）**故障维修**：此类故障属快闪存储器 N402～N405 不良，更换后即可排除故障。

（2）**图文解说**：检修时重点检测 QX68 的供电（正常分别为 1.8V、1.2V、2.5V）。N402 相关电路如图 4-25 所示。

### 2.故障现象：不能开机

（1）**故障维修**：此类故障属 N003 不良，更换后即可排除故障。

（2）**图文解说**：检修时重点检测 CPU 复位电压（正常为 3.3V）。N003 相关电路如图 4-26 所示。

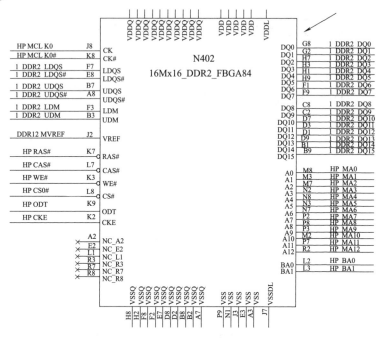

图 4-25　N402 相关电路图

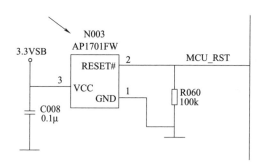

图 4-26　N003 相关电路图

### 3.故障现象：无声音

（1）**故障维修**：此类故障属电容 C239 不良，更换后即可排除故障。

（2）**图文解说**：检修时重点检测 N201 的第 63 脚电压（正常为 4.6V 左右）。C239 相关电路如图 4-27 所示。

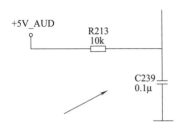

图 4-27　C239 相关电路图

### 4.故障现象：偶尔有声音，但声音小

（1）**故障维修**：此类故障属 N812 不良，更换后即可排除故障。

（2）**图文解说**：检修时重点检测 N812。N812 相关电路如图 4-28 所示。

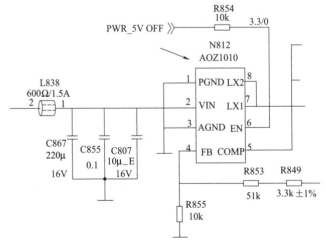

图 4-28　N812 相关电路图

### 5.故障现象：热机自动关机

（1）**故障维修**：此类故障属 Z001 不良，更换后即可排除故障。

（2）**图文解说**：检修时重点检测 N002（CPU）复位电压（正常为 3.2V）。Z001 相关电路如图 4-29 所示。

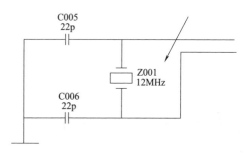

**图 4-29 Z001 相关电路图**

### 6.故障现象：有时开机有光栅，有时开机无光栅

（1）**故障维修**：此类故障属 L401 不良，更换后即可排除故障。

（2）**图文解说**：检修时重点检测 L401。L401 相关电路如图 4-30 所示。

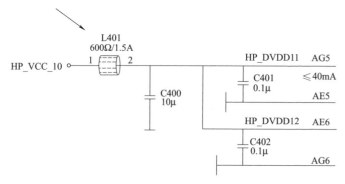

**图 4-30 L401 相关电路图**

**7.故障现象：** 声音正常、无图像

（1）**故障维修：** 此类故障属 N002 不良，更换后即可排除故障。

（2）**图文解说：** 检修时重点检测 N002 复位脚电压（正常为高电平＋3.2V 变低电平）。N002 相关电路如图 4-31 所示。

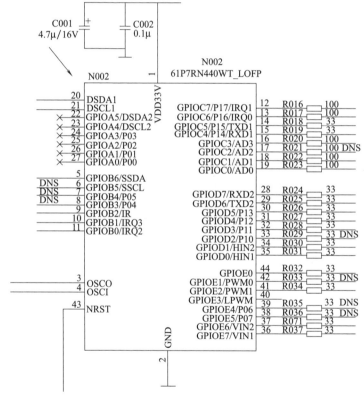

图 4-31　N002 相关电路图

**8.故障现象：** 图像正常、无声音

（1）**故障维修：** 此类故障属 C239 不良，更换后即可排除

故障。

(2) **图文解说**: 检修时重点检测 N201 第㊿脚电压 (正常为 +45V 左右)。N201 相关电路如图 4-32 所示。

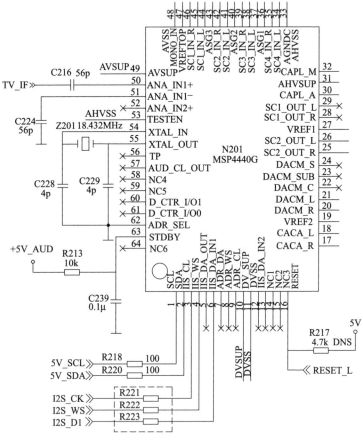

图 4-32　N201 相关电路图

### :::: 9.故障现象: 开机黑屏、电源指示灯亮

(1) **故障维修**: 此类故障属 N802 损坏, 更换后即可排除 故障。

（2）**图文解说**：检修时重点检测 N802。N802 相关电路如图 4-33 所示。

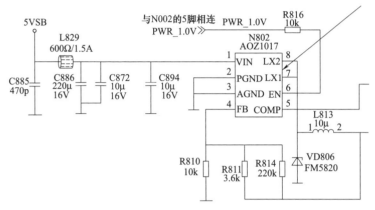

图 4-33　N802 相关电路图

# 第七节　康佳 LC37BT20 型

## 1.故障现象：有声音不同步

（1）**故障维修**：此类故障属 R103 对地短路，更换后即可排除故障。

（2）**图文解说**：检修时重点检测 R103。

## 2.故障现象：TV 无图、无雪花点

（1）**故障维修**：此类故障属 L105 开路，更换后即可排除故障。

（2）**图文解说**：检修时重点检测 L105。

## 3.故障现象：无声音，图像正常

（1）**故障维修**：此类故障属 R218 开路，更换后即可排除

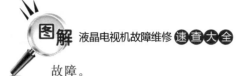

故障。

(2) **图文解说**：检修时重点检测 R218。R218 相关电路如图 4-34所示。

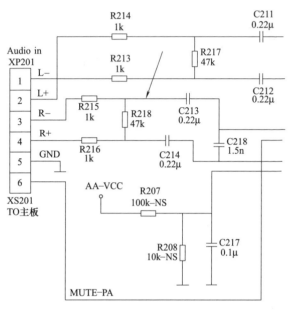

图 4-34　R218 相关电路图

**4.故障现象：** 一侧扬声器无声音

(1) **故障维修**：此类故障属 R211 对地短路，更换后即可排除故障。

(2) **图文解说**：检修时重点检测 R211。R211 相关电路如图 4-35所示。

**5.故障现象：** 黑屏、有声无图

(1) **故障维修**：此类故障属三极管 V006 不良，更换后即可排除故障。

(2) **图文解说**：检修时重点检测 V006 的 CE 极。V006 相关电

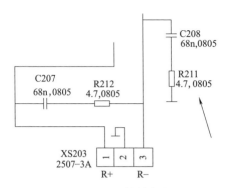

图 4-35 R211 相关电路图

路如图 4-36 所示。

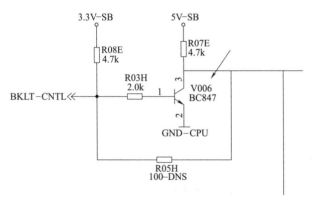

图 4-36 V006 相关电路图

### 6.故障现象：无图像、屏幕有竖条

（1）**故障维修**：此类故障属 L805 开路，更换后即可排除故障。

（2）**图文解说**：检修时重点检测 N803 电压（正常为 3.3V）。

### 7.故障现象：无声音

（1）**故障维修**：此类故障属 N201 虚焊，补焊后即可排除故障。

（2）**图文解说：** 检修时重点检测 N201。N201 相关电路如图 4-37 所示。

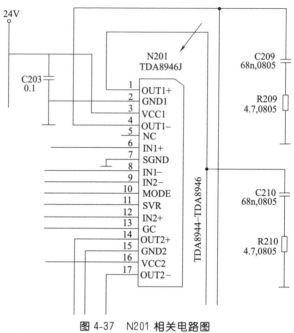

图 4-37　N201 相关电路图

# 第八节　康佳 LC-TM3719 型

**1.故障现象：** 指示灯亮不能开机

（1）**故障维修：** 此类故障属 ZD1 不良，更换后即可排除故障。

（2）**图文解说：** 检修时重点检测 PFC 电压（正常为 380V）。ZD1 相关电路如图 4-38 所示。

**2.故障现象：** 无光栅、无声音、无图像，指示灯不亮，保险管 F1 熔断

（1）**故障现象：** 此类故障属 Q9、R87、D3 不良，将 Q9、

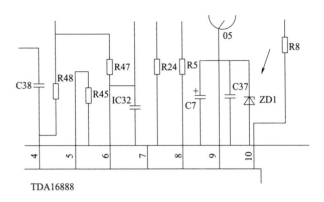

图 4-38　ZD1 相关电路图

R87、D3、F1 更换后即可排除故障。

（2）**图文解说：**检修时重点检测 Q9 及 Q9 外部电路。Q9 相关电路如图 4-39 所示。

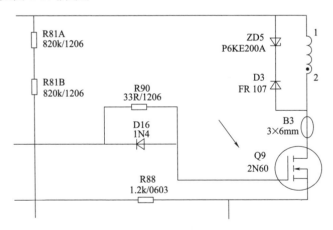

图 4-39　Q9 相关电路图

**3.故障现象：** 开机后始终处于待机状态

（1）**故障维修：**此类故障属程序存储块 N401 不良，更换后即可排除故障。

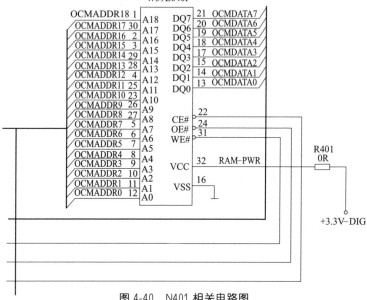

图 4-40　N401 相关电路图

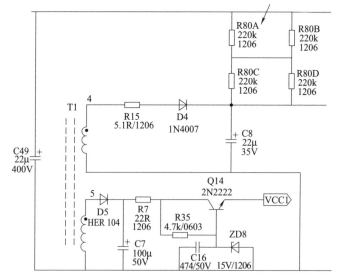

图 4-41　R80 相关电路图

210

（2）**图文解说**：检修时重点检测 N502 的工作电压（正常为 4V）。N401 相关电路如图 4-40 所示。

### ::::· **4.故障现象：** 开机无光栅、无声音、无图像，指示灯不亮，保险管 F1 完好

（1）**故障维修**：此类故障属 R80 不良，更换后即可排除故障。

（2）**图文解说**：检修时重点检测 UC3843 的第⑦脚电压（正常为 8.5V）。R80 相关电路如图 4-41 所示。

# 第九节　康佳 LC-TM3711 型

### ::::· **1.故障现象：** 无图像、字符不正常

（1）**故障维修**：此类故障属存储器 N502 不良，更换后即可排除故障。

（2）**图文解说**：检修时重点检测 N502。N502 相关电路如图 4-42 所示。

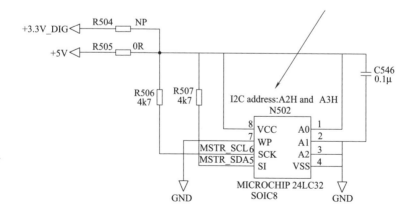

图 4-42　N502 相关电路图

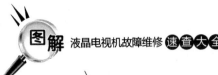

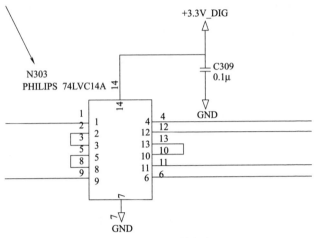

**图 4-43　N303 相关电路图**

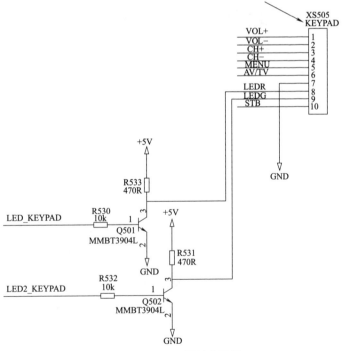

**图 4-44　XS505 相关电路图**

## 2.故障现象：遥控无作用

（1）**故障现象**：此类故障属 N303 不良，更换后即可排除故障。

（2）**图文解说**：检修时重点检测 N303。N303 相关电路如图 4-43 所示。

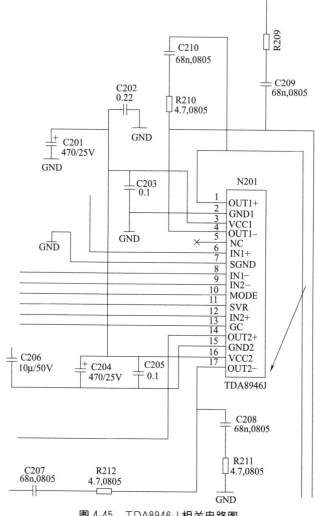

图 4-45　TDA8946J 相关电路图

### 3.故障现象：图像不正常，遥控无作用

(1) **故障维修**：此类故障属 N61EJ 接收头不良，更换后即可排除故障。

(2) **图文解说**：检修时重点检测 XS505 第⑤脚电压（正常为 5V）。XS505 相关电路如图 4-44 所示。

### 4.故障现象：图像正常，无声音

(1) **故障维修**：此类故障属 TDA8946J 不良，更换后即可排除故障。

(2) **图文解说**：检修时重点检测 TDA8946J 第③脚和第⑯脚供电（正常为 12V）。TDA8946J 相关电路如图 4-45 所示。

# 第十节　康佳 LC-TM4211 型

### 1.故障现象：遥控和按键均无作用

(1) **故障维修**：此类故障属 N502 不良，更换后即可排除故障。

(2) **图文解说**：检修时重点检测 N502。N502 相关电路如图 4-46 所示。

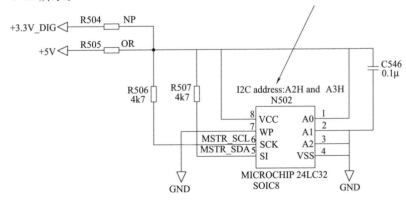

图 4-46　N502 相关电路图

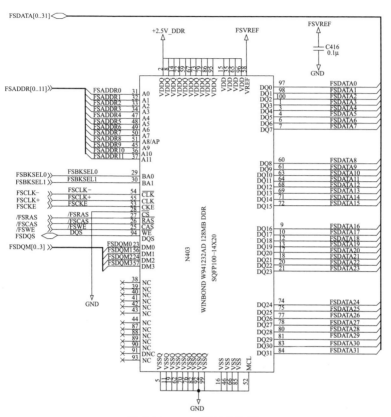

图 4-47　N403 相关电路图

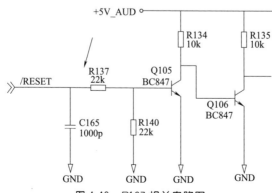

图 4-48　R137 相关电路图

**2.故障现象：无字符、屏背光灯亮**

（1）**故障维修**：此类故障属 N403 不良，更换后即可排除故障。

（2）**图文解说**：检修时重点检测 XS502 的第㉑、㉓、㉕、㉗ 脚并联供电（正常为 12V）。N403 相关电路如图 4-47 所示。

**3.故障现象：无声音**

（1）**故障维修**：此类故障属 R137 处无电压，用导线连接 R524 至 R137 的线路板后即可排除故障。

（2）**图文解说**：检修时重点检测 R524 至 R137 之间铜皮的阻值。R137 相关电路如图 4-48 所示。

# 第十一节　康佳 LC-TM3008 型

**1.故障现象：少台，正常收台 32 个台，实际只能收 26 个台**

（1）**故障维修**：此类故障属 N1003 不良，更换后即可排除故障。

（2）**图文解说**：检修时重点检测 N1003 的第⑤脚供电（正常为 12V）。N1003 相关电路如图 4-49 所示。

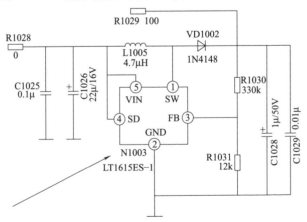

图 4-49　N1003 相关电路图

**2.故障现象：** 字符正常，台位号变化、黑屏

（1）**故障维修：** 此类故障属 C848 短路，更换后即可排除故障。

（2）**图文解说：** 检修时重点检测 U809 输出电压（正常为 2.5V）。C848 相关电路如图 4-50 所示。

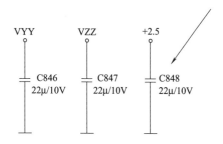

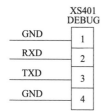

图 4-50    C848 相关电路图

**3.故障现象：** TV 自动关机

（1）**故障维修：** 此类故障属 U308 不良，更换后即可排除故障。

（2）**图文解说：** 检修时重点检测 U308。U308 相关电路如图 4-51 所示。

**4.故障现象：** 全屏紫色、无图像

（1）**故障维修：** 此类故障属 R421 两端有两个穿板铜眼，穿线连接后即可排除故障。

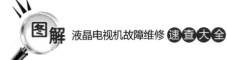

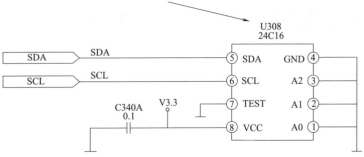

图 4-51　U308 相关电路图

（2）**图文解说**：检修时重点检测 R421。R421 相关电路如图 4-52所示。

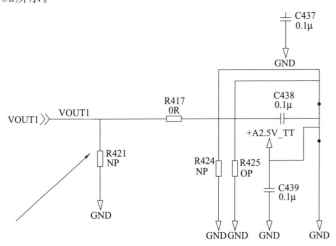

图 4-52　R421 相关电路图

# 第十二节　康佳 LC-TM2018 型

**1.故障现象：** 无光栅、无声音、无图像，指示灯不亮

（1）**故障维修**：此类故障属电解电容 C914 不良，更换后即可

排除故障。

（2）**图文解说**：检修时重点检测电源 12V 电压。C914 相关电路如图 4-53 所示。当 V901 不良时也会出现类似故障。

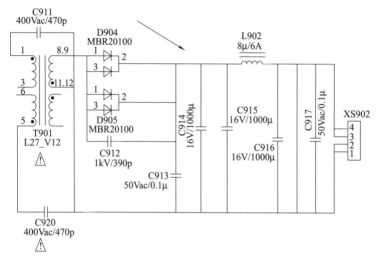

图 4-53　C914 相关电路图

**2.故障现象：无台、AV 无图，每次开关机处在 PC 状态**

（1）**故障维修**：此类故障属 XS802 不良，更换后即可排除故障。

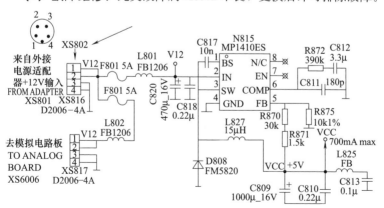

图 4-54　XS802 相关电路图

（2）**图文解说**：检修时重点检测 XS802。XS802 相关电路如图 4-54 所示。

**3.故障现象：** 无光栅、有声音

（1）**故障维修**：此类故障属 L817 不良，更换后即可排除故障。

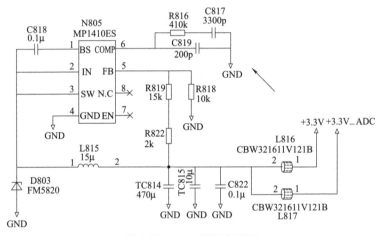

图 4-55　L817 相关电路图

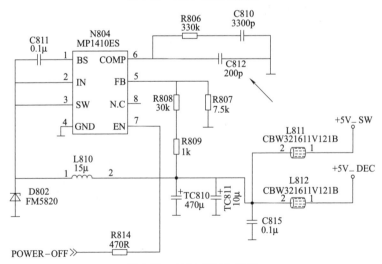

图 4-56　C812 相关电路图

（2）**图文解说：** 检修时重点检测 L817。L817 相关电路如图 4-55所示。

::::: **4.故障现象：** 有字符、无图像、台位号变化、有声音

（1）**故障维修：** 此类故障属 C812 不良，更换后即可排除故障。

（2）**图文解说：** 检修时重点检测 C812。C812 相关电路如图 4-56所示。

# 第十三节　康佳其他机型

::::: **1.故障现象：** LC26ES30 型二次不能开机、指示灯亮

（1）**故障维修：** 此类故障属电容 C219 漏电，更换后即可排除故障。

（2）**图文解说：** 检修时重点检测开关稳压电源 12V 电压。C219 相关电路如图 4-57 所示。

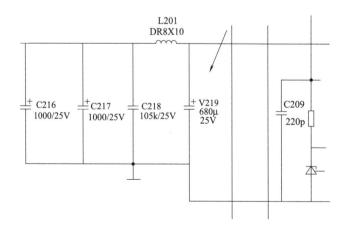

图 4-57　C219 相关电路图

## 2.故障现象： LC26ES30 型图像暗

（1）**故障维修：**此类故障属电容 C210 不良，将其挑开不接即可排除故障。

（2）**图文解说：**检修时重点检测 N900 第③、⑤脚输入电压（正常为 0.7V 左右）。C210 相关电路如图 4-58 所示。

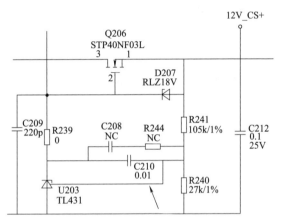

**图 4-58  C210 相关电路图**

## 3.故障现象： LC32GS80C 型无光栅、无声音、无图像

（1）**故障维修：**此类故障属电容 C809 漏电，更换后即可排除故障。

（2）**图文解说：**检修时重点检测 V805 的集电极对地阻值（正常为 7kΩ 左右）。C809 相关电路如图 4-59 所示。

## 4.故障现象： LC32HS62B 型不开机

（1）**故障维修：**此类故障属电容 C813 焊接不良，补焊后即可排除故障。

（2）**图文解说：**检修时重点检测 N801 输出电压（正常为 1.2V）。C813 相关电路如图 4-60 所示。

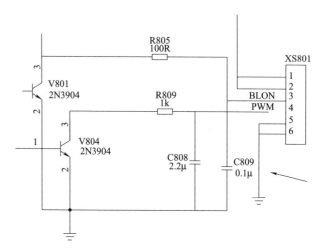

图 4-59  C809 相关电路图

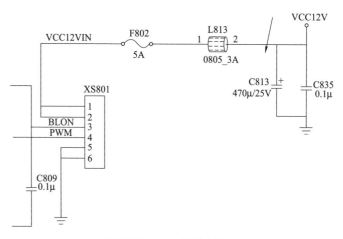

图 4-60  C813 相关电路图

**5.故障现象：** **LC42DS60C 型开机无光栅、无声音、无图像**

（1）**故障维修：**此类故障属 L827 开路，更换后即可排除故障。

(2) **图文解说**：检修时重点检测 F803 两端电压（正常为 12V）。L827 相关电路如图 4-61 所示。

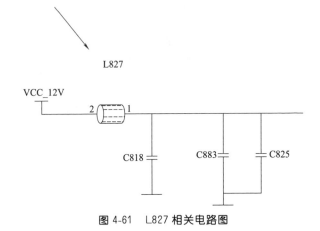

图 4-61 L827 相关电路图

### 6.故障现象：LC46TS86N 型无光栅

(1) **故障维修**：此类故障属电容 C504 漏电，更换后即可排除故障。

(2) **图文解说**：检修时重点检测 V501 的基极电压（正常为 3.3V）。C504 相关电路如图 4-62 所示。

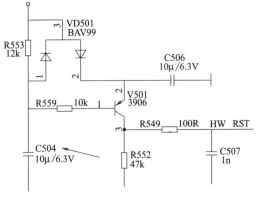

图 4-62 C504 相关电路图

## 7.故障现象：LC-TM1780P 型无图有声

（1）**故障维修**：此类故障属 F1、Q3 不良，更换后即可排除故障。

（2）**图文解说**：检修时重点检测 Q3、F1。Q3 相关电路如图 4-63 所示。

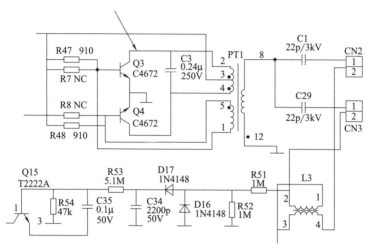

图 4-63　Q3 相关电路图

## 8.故障现象：LED32MS92C 型不能开机

（1）**故障维修**：此类故障属电容 C817 不良，更换后即可排除故障。

（2）**图文解说**：检修时重点检测三极管 V812 基极电压（正常为高电平 0.6V）。C817 相关电路如图 4-64 所示。

## 9.故障现象：LED32MS92C 型不能开机、黄色指示灯亮

（1）**故障维修**：此类故障属电容 C591、C592 漏电，更换后即可排除故障。

（2）**图文解说**：检修时重点检测 C591、C592。C592 相关电路

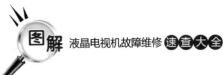

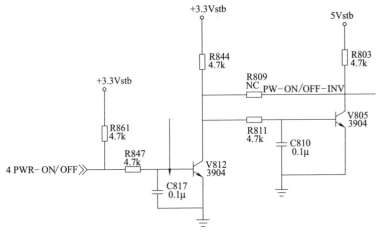

图 4-64　C817 相关电路图

如图 4-65 所示。

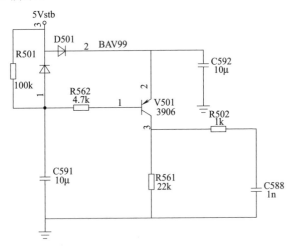

图 4-65　C592 相关电路图

**10.故障现象:** 康佳 LC-TM2718 型有字符、无图像、台位号变化、有声音

(1) **故障维修:** 此类故障属电容 C812 不良,更换后即可排除

故障。

（2）**图文解说**：检修时重点检测 U809 输入端电压和输出端电
压（正常分别为 3.3V 和 2.5V）。C812 相关电路如图 4-66 所示。

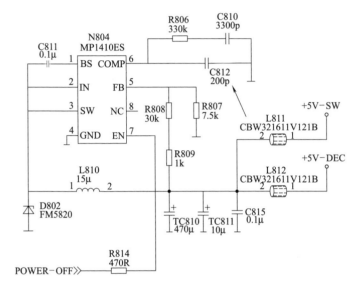

图 4-66　C812 相关电路图

# 第 五 章

# 厦华液晶电视机

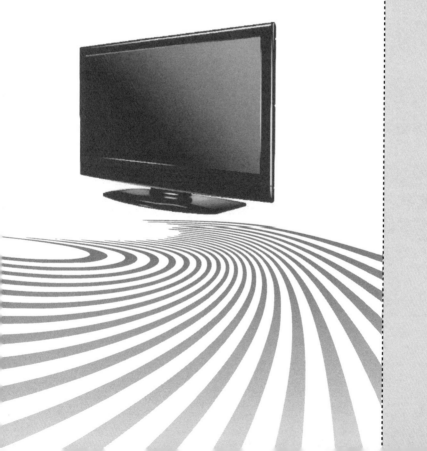

# 第一节　厦华 L22A1K 型

### 1.故障现象：开机电源指示灯亮，整机不工作

（1）故障维修：此类故障属 N506 不良，更换后即可排除故障。

（2）图文解说：检修时重点检测 N506 供电电压（正常为 +9V）。N506 相关电路如图 5-1 所示。

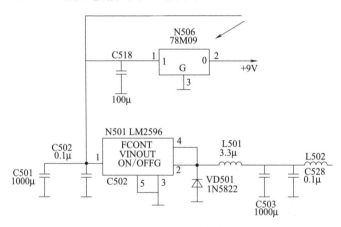

图 5-1　N506 相关电路图

### 2.故障现象：开机后无声音、无图像

（1）故障维修：此类故障属 V503 不良，用型号为 C2120 的 NPN 三极管更换即可排除故障。

（2）图文解说：检修时重点检测 N504 的第②脚电压（正常为 5.6V）。V503 相关电路如图 5-2 所示。

### 3.故障现象：开机无光栅、无声音、无图像、烧保险

（1）故障维修：此类故障属滤波电容 C108 短路，更换后即可

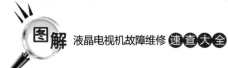

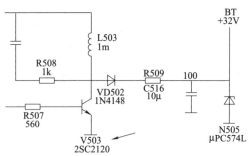

图 5-2　V503 相关电路图

排除故障。

（2）**图文解说**：检修时重点检测 C108。C108 相关电路如图 5-3所示。

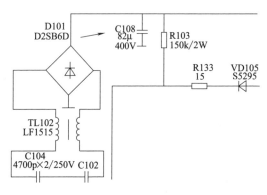

图 5-3　C108 相关电路图

▓▓▓**4.故障现象**：开机无图像无声音

（1）**故障维修**：此类故障属电阻 R506 损坏，更换后即可排除故障。

（2）**图文解说**：检修时重点检测 R506。R506 相关电路如图 5-4所示。

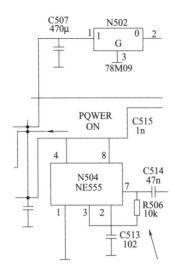

图 5-4    R506 相关电路图

## 5.故障现象：无光栅、无声音、无图像

（1）**故障维修**：此类故障属保险 FU501 熔断且电容 C506 引脚焊点处有焊丝，将其焊丝去掉换上 FU501 即可排除故障。

（2）**图文解说**：检修时重点检测 C506。C506 相关电路如图 5-5所示。

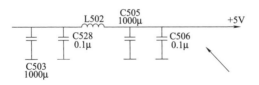

图 5-5    C506 相关电路图

## 6.故障现象：无光栅、无声音、无图像，指示灯不亮

（1）**故障维修**：此类故障属 T101 损坏，更换后即可排除故障。

（2）**图文解说**：检修时重点检测开关变压器 T101 的第 1-3 绕

组的电阻值。T101 相关电路如图 5-6 所示。

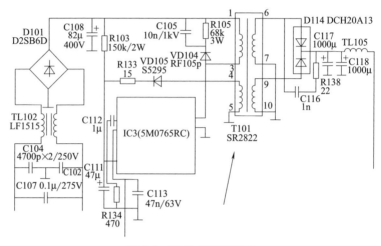

图 5-6　T101 相关电路图

## 7.故障现象: 有光栅、无图像、无声音

（1）**故障维修**: 此类故障属电容 C514 损坏，更换后即可排除故障。

（2）**图文解说**: 检修时重点检测 TNR101 的 BP、BM 端电压（正常为＋5V）。C514 相关电路如图 5-7 所示。

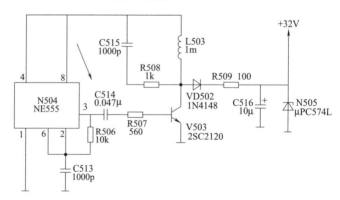

图 5-7　C514 相关电路图

# 第二节 厦华 LC-32U16 型

## 1.故障现象：开机无图，指示灯显粉色

（1）**故障维修**：此类故障属 L507 不良，更换后即可排除故障。

（2）**图文解说**：检修时重点检测电源 24V 电压输出。L507 相关电路如图 5-8 所示。

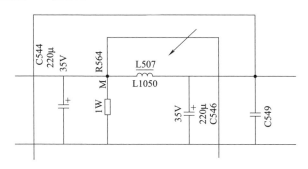

图 5-8　L507 相关电路图

## 2.故障现象：TV 状态下无图像，其他通道状态下正常

（1）**故障维修**：此类故障属电感 L503 不良，更换后即可排除故障。

（2）**图文解说**：检修时重点检测高频头 BT 电压（正常为 +32V）。L503 相关电路如图 5-9 所示。

## 3.故障现象：一边暗，一边亮

（1）**故障维修**：此类故障属 D516 性能不良，更换后即可排除故障。

（2）**图文解说**：检修时重点检测 D516。D516 相关电路如图 5-10所示。

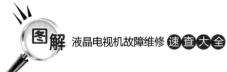

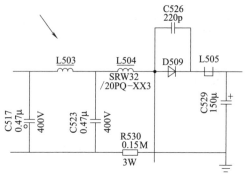

图 5-9  L503 相关电路图

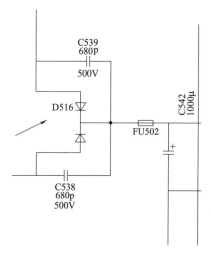

图 5-10  D516 相关电路图

**4.故障现象：音量为 0 仍有声音**

（1）**故障维修**：此类故障属 N301 不良，更换后即可排除故障。

（2）**图文解说**：检修时重点检测声音供电（正常为 18V）。N301 相关电路如图 5-11 所示。

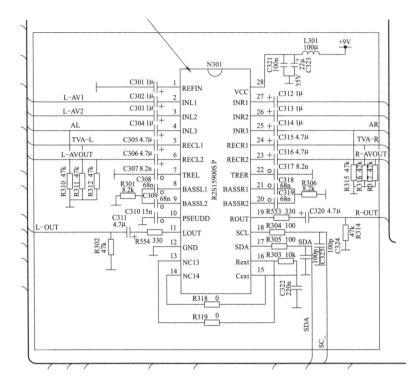

图 5-11　N301 相关电路图

### ::::: 5.故障现象：待机时，5V 电压只有 2.7V

（1）**故障维修**：此类故障属 D504 漏电，更换后即可排除故障。

（2）**图文解说**：检修时重点检测 D504。D504 相关电路如图 5-12 所示。

### ::::: 6.故障现象：开机后电源板发出"嗞嗞"响

（1）**故障维修**：此类故障属电阻 R519 不良，更换后即可排除故障。

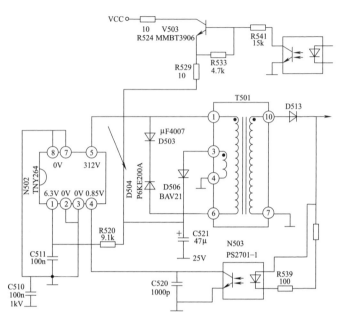

图 5-12 D504 相关电路图

（2）**图文解说**：检修时重点检测 R519 的阻值（正常为 62kΩ）。R519 相关电路如图 5-13 所示。

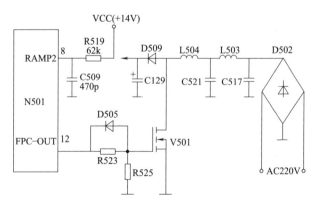

图 5-13 R519 相关电路图

# 第三节　厦华其他机型

## 1.故障现象：L151AI 型通电开机后，电源指示灯亮，无图像、无声音

（1）**故障维修**：此类故障属电容 C112 漏电，更换后即可排除故障。

（2）**图文解说**：检修时重点检测 C112。C112 相关电路如图 5-14 所示。

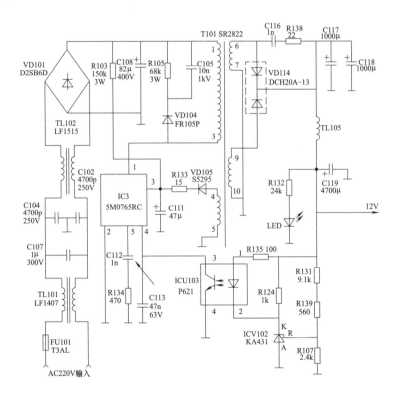

图 5-14　C112 相关电路图

## 2.故障现象：LC-20Y15 型灯闪、无光栅

（1）**故障维修**：此类故障属 N503 不良，更换后即可排除故障。

（2）**图文解说**：检修时重点检测 N503。N503 相关电路如图 5-15 所示。

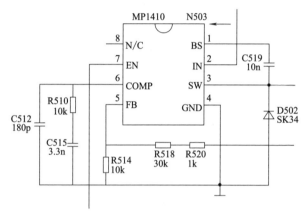

图 5-15　N503 相关电路图

## 3.故障现象：LC-20Y19 型无光栅

（1）**故障维修**：此类故障属 N501 不良，更换后即可排除故障。

（2）**图文解说**：检修时重点检测 N501。N501 相关电路如图 5-16 所示。

## 4.故障现象：LC-27U16 型黑屏，有指示灯

（1）**故障维修**：此类故障属 N908 不良，更换后即可排除故障。

（2）**图文解说**：检修时重点检测背光板 24V 供电。N908 相关电路如图 5-17 所示。

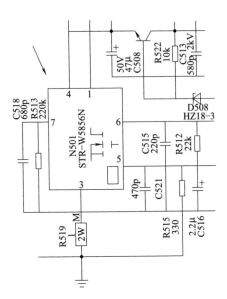

图 5-16　N501 相关电路图

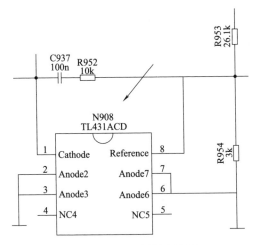

图 5-17　N908 相关电路图

### 5.故障现象：LC-27U16型开机指示灯一紫一红来回跳变

（1）**故障维修**：此类故障属 X506 脱焊，补焊后即可排除故障。

（2）**图文解说**：检修时重点检测 CPU 的 5V 供电。X506 相关电路如图 5-18 所示。

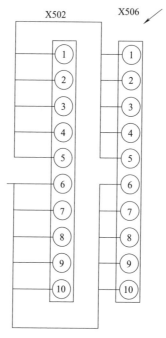

**图 5-18　X506 相关电路图**

### 6.故障现象：LC-27U25型声音异常，开机后有一个声道有杂音，啪啪响

（1）**故障维修**：此类故障属 N301 不良，更换后即可排除故障。

（2）**图文解说**：检修时重点检测 N301。N301 相关电路如图

5-19 所示。

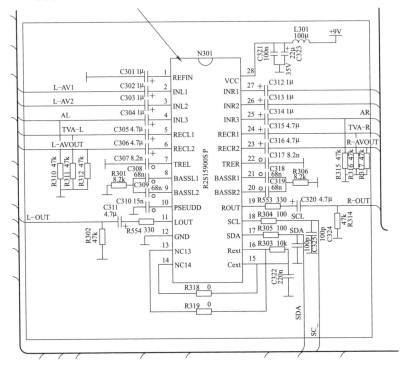

图 5-19　N301 相关电路图

### 7.故障现象：LC32A1 型开机后无光栅、无图像、无声音，电源指示灯也不亮

（1）**故障维修**：此类故障属电容 C513 漏电，更换后即可排除故障。

（2）**图文解说**：检修时重点检测＋32V 调谐电压。C513 相关电路如图 5-20 所示。

### 8.故障现象：LC-32A1 型无信号

（1）**故障维修**：此类故障属 U9 不良，更换后即可排除故障。

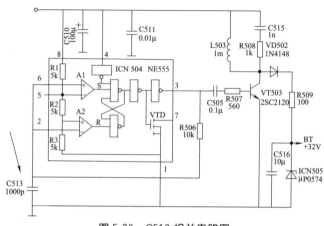

图 5-20　C513 相关电路图

（2）**图文解说**：检修时重点检测 U9。U9 相关电路如图 5-21 所示。

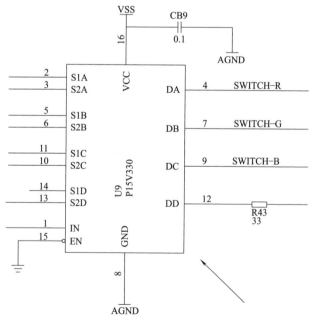

图 5-21　U9 相关电路图

### 9.故障现象：LC-32AIK 型通电开机后电源指示灯亮，屏幕上有图像显示、无声音

（1）**故障维修**：此类故障属电感 L601 有一引脚脱焊，补焊后即可排除故障。

（2）**图文解说**：检修时重点检测三端稳压电路 ICN502 的输出端电压（正常为＋9V）。L601 相关电路如图 5-22 所示。

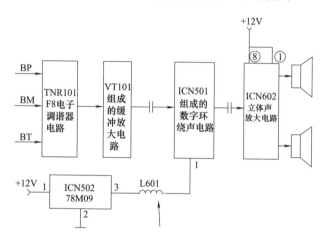

图 5-22 L601 相关电路图

### 10.故障现象：LC-32U25 型图像暗淡，不定时开关机

（1）**故障维修**：此类故障属稳压管 D514 开路，更换后即可排除故障。

（2）**图文解说**：检修时重点检测 X505 插座第③脚电压（正常为 5V）。D514 相关电路如图 5-23 所示。

### 11.故障现象：LC-32U25 型无光栅、无声音、无图像，指示灯亮

（1）**故障维修**：此类故障属电阻 R545 不良，更换后即可排除

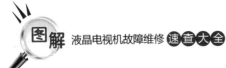

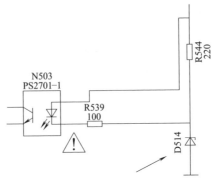

图 5-23　D514 相关电路图

故障。

(2) **图文解说**: 检修时重点检测 R545。R545 相关电路如图 5-24所示。

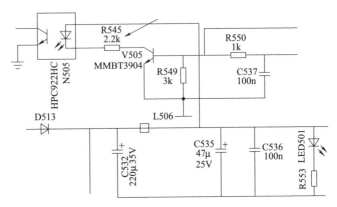

图 5-24　R545 相关电路图

## 12.故障现象: LC-37HU19 型 AV1 无输入

(1) **故障维修**: 此类故障属 NB102 不良, 更换后即可排除故障。

(2) **图文解说**: 检修时重点检测 NB102。NB102 相关电路如图 5-25 所示。

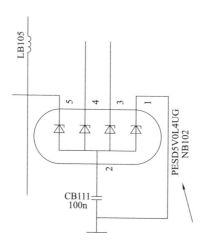

图 5-25　NB102 相关电路图

## 13.故障现象：LC-37HU19 型 AV 正常、TV 状态下无图像，蓝屏，右上角出现圈

（1）**故障维修：**此类故障属插座 XB103 的第③、④脚之间有异物，将其焊接清洗后即可排除故障。

（2）**图文解说：**检修时重点检测 XB103。XB103 相关电路如图 5-26 所示。

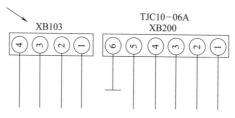

图 5-26　XB103 相关电路图

## 14.故障现象：LC-37HU19 型花屏，无图像

（1）**故障维修：**此类故障属 N104、N106、N103 虚焊，补焊

后即可排除故障。

(2) 图文解说：检修时重点检测 N104、N106、N103。N106 相关电路如图 5-27 所示。

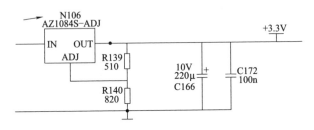

图 5-27 N106 相关电路图

**15.故障现象：LC-37K7 型 TV、AV、SV 通道图像闪**

(1) 故障维修：此类故障属 U32 不良，更换后即可排除故障。

(2) 图文解说：检修时重点检测 U32。U32 相关电路如图 5-28所示。

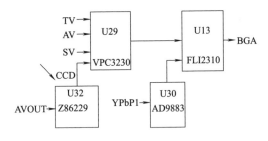

图 5-28 U32 相关电路图

**16.故障现象：LC37R26 型开机 VGA 状态下无图像**

(1) 故障维修：此类故障属 N24 损坏，更换后即可排除故障。

(2) 图文解说：检修时重点检测 N24。N24 相关电路如图 5-29所示。

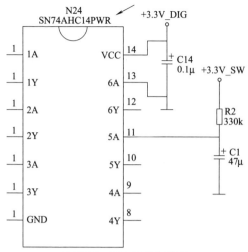

图 5-29　N24 相关电路图

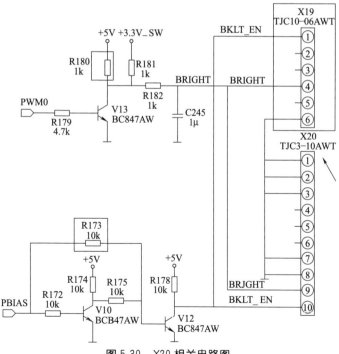

图 5-30　X20 相关电路图

**17.故障现象：LC-37R26 型开机所有通道无图像**

（1）**故障维修：**此类故障属 X20 背光插座插接不良，将其重新插接即可排除故障。

（2）**图文解说：**检修时重点检测 X20 的第⑩脚输入电压（正常为 5V）。X20 相关电路如图 5-30 所示。

**18.故障现象：LC-42T17 型开机一闪一闪**

（1）**故障维修：**此类故障属 N603 电压低，在 N603 处加一只 10Ω 的电阻即可排除故障。

（2）**图文解说：**检修时重点检测 N603 电压（正常为 1.8V）。N603 相关电路如图 5-31 所示。

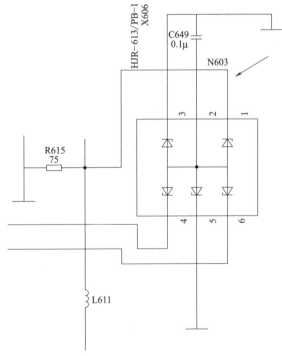

图 5-31　N603 相关电路图

## 19.故障现象：**LC47T17 型自动搜索不存台**

（1）**故障维修**：此类故障属电容 C422 不良，更换后即可排除故障。

（2）**图文解说**：检修时重点检测电容 C422 的阻值。

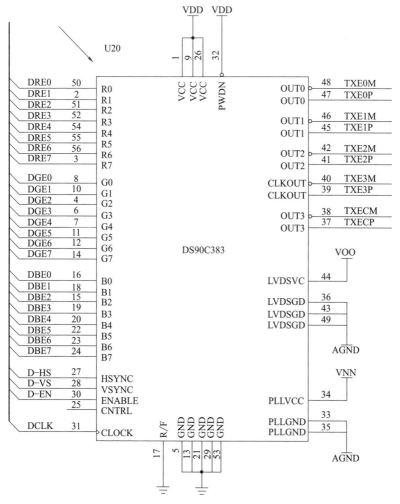

**图 5-32　U20 相关电路图**

**20.故障现象：TV/PC 画面花屏**

（1）**故障维修**：此类故障属 U20 不良，更换后即可排除故障。

（2）**图文解说**：检修时重点检测 U20。U20 相关电路如图 5-32 所示。

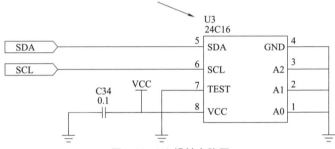

图 5-33　U3 相关电路图

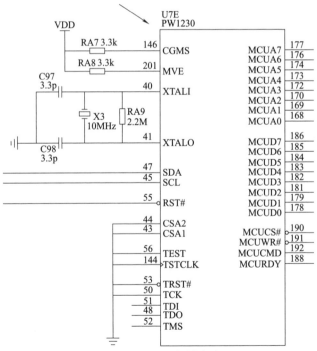

图 5-34　PW1230 相关电路图

## 21.故障现象: TV 画面 SOURCE 转换时死机

（1）**故障维修**：此类故障属 U3 不良，更换后即可排除故障。

（2）**图文解说**：检修时重点检测 U3。U3 相关电路如图 5-33 所示。

## 22.故障现象: TV 画面出现闪烁点

（1）**故障维修**：此类故障属 PW1230 端点频受干扰，在 PW1230 的第⑩②脚处焊接一个 100pF 电容即可排除故障。

（2）**图文解说**：检修时重点检测 PW1230 的第⑩②脚。PW1230 相关电路如图 5-34 所示。

# 第六章

# 海信液晶电视机

# 第一节　海信 TLM4788P 型

## 1.故障现象：不开机，指示灯不亮

（1）**故障维修**：此类故障属 RE523 开路，更换后即可排除故障。

（2）**图文解说**：检修时重点检测待机电源＋5V 电压。RE523 相关电路如图 6-1 所示。

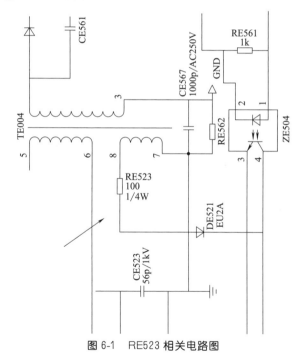

图 6-1　RE523 相关电路图

## 2.故障现象：无法进行程序升级

（1）**故障维修**：此类故障属 U603 不良，更换后即可排除故障。

（2）**图文解说**：检修时重点检测 U603。U603 相关电路如图 6-2 所示。

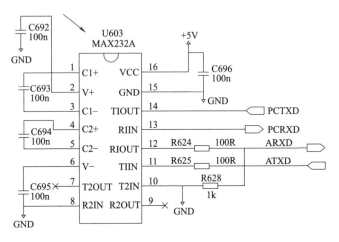

图 6-2 U603 相关电路图

**3.故障现象：** 无声音

（1）**故障维修**：此类故障属 R601、R602 开路，更换后即可排除故障。

（2）**图文解说**：检修时重点检测 N601 供电脚电压（正常为 15V）。R602 相关电路如图 6-3 所示。

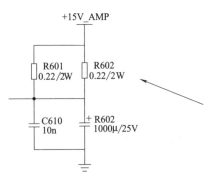

图 6-3 R602 相关电路图

## 4.故障现象：无图像，指示灯亮

（1）**故障维修**：此类故障属电容 CE027 损坏，更换后即可排除故障。

（2）**图文解说**：检修时重点检测 24V 电压输出。CE027 相关电路如图 6-4 所示。

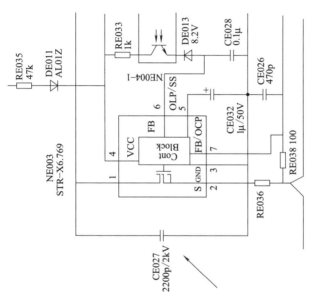

**图 6-4　CE027 相关电路图**

# 第二节　海信 TLM3237D 型

## 1.故障现象：开机黑屏，指示灯不亮

（1）**故障维修**：此类故障属限流电阻 R833、R833A 不良，更换后即可排除故障。

（2）**图文解说**：检修时重点检测 N803 的第⑥脚电源供电（正

常为 12V）。R833 相关电路如图 6-5 所示。

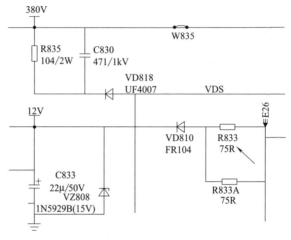

图 6-5　R833 相关电路图

**2.故障现象：** 开机黑屏，指示灯亮

（1）**故障维修**：此类故障属 V803 不良，更换后即可排除故障。

（2）**图文解说**：检修时重点检测开关电源＋24V、＋28V、＋12V电压输出。V803 相关电路如图 6-6 所示。

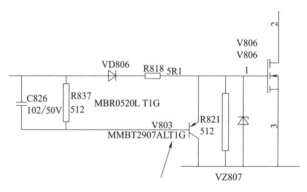

图 6-6　V803 相关电路图

## 3.故障现象：开机背光灯亮，无图像无声音，黑屏，指示灯亮

（1）**故障维修**：此类故障属电容 C844 漏电，更换后即可排除故障。

（2）**图文解说**：检修时重点检测 C844。C844 相关电路如图 6-7 所示。

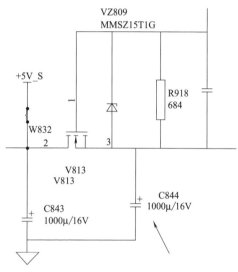

VZ809
MMSZ15T1G

+5V_S

R918
684

W832
2

V813
V813

C844
1000μ/16V

C843
1000μ/16V

图 6-7　C844 相关电路图

## 4.故障现象：无光栅、无声音、无图像，指示灯亮

（1）**故障维修**：此类故障属 V817 内部击穿，更换后即可排除故障。

（2）**图文解说**：检修时重点检测 V817。V817 相关电路如图 6-8 所示。

## 5.故障现象：背光灯闪，有时黑屏

（1）**故障维修**：此类故障属 C850 不良，更换后即可排除故障。

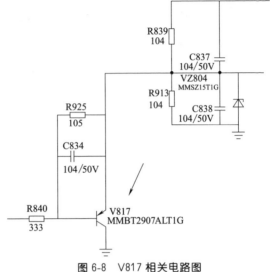

图 6-8　V817 相关电路图

（2）**图文解说**：检修时重点检测电源电压 24V 供电。C850 相关电路如图 6-9 所示。

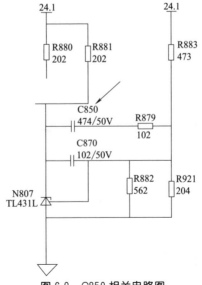

图 6-9　C850 相关电路图

## 6.故障现象：无光栅、无声音、无图像，指示灯不亮

（1）**故障维修**：此类故障属电源 MOS 管 V809、R829、R830、R832 及 N803 不良，更换后即可排除故障。

（2）**图文解说**：检修时重点检测 N803。N803 相关电路如图 6-10 所示。

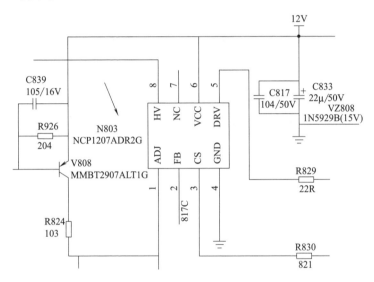

图 6-10　N803 相关电路图

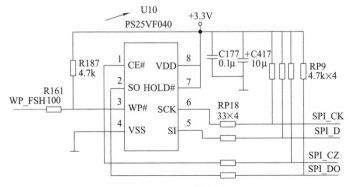

图 6-11　U10 相关电路图

**7.故障现象：开机后自动关机**

（1）**故障维修**：此类故障属 U10 性能不良，更换后即可排除故障。

（2）**图文解说**：检修时重点检测 U8 周围 Y2 晶振两端电压（正常分别为 1.5V、1.73V）。U10 相关电路如图 6-11 所示。

# 第三节　海信 TLM40V68PK 型

**1.故障现象：无光栅、无声音、无图像指示灯不亮**

（1）**故障维修**：此类故障属 N901 损坏，更换后即可排除故障。

（2）**图文解说**：检修时重点检测 N901。N901 相关电路如图 6-12 所示。

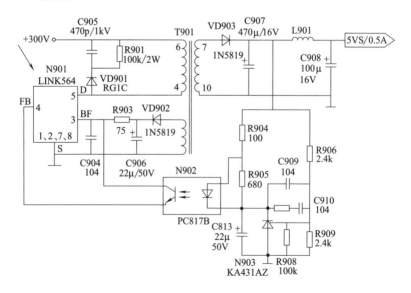

图 6-12　N901 相关电路图

**2.故障现象：** 花屏

（1）**故障维修**：此类故障属 R486 开路，更换后即可排除
故障。

（2）**图文解说**：检修时重点检测 R486。R486 相关电路如
图 6-13所示。

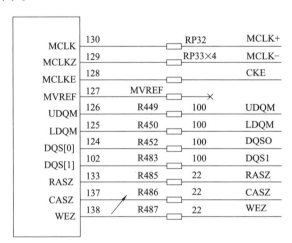

图 6-13　R486 相关电路图

**3.故障现象：** 无光栅、无声音、无图像

（1）**故障维修**：此类故障属 N811 不良，更换后即可排除故障。

（2）**图文解说**：检修时重点检测 N811。N811 相关电路如图
6-14 所示。

**4.故障现象：** 在冷开机时出现扬声器不定时发出异响

（1）**故障维修**：此类故障属滤波电容 C821 不良，将其由原来
的 $470\mu F/25V$ 更换为 $1000\mu F/25V$ 即可排除故障。

（2）**图文解说**：检修时重点检测 N39 供电（正常为 $1.26V$）。
C821 相关电路如图 6-15 所示。

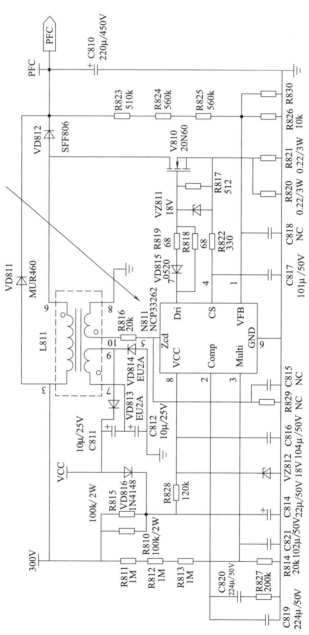

图 6-14 N811 相关电路图

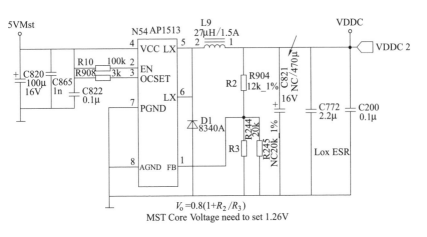

图 6-15　C821 相关电路图

::::5.故障现象：黑屏，有声音

（1）**故障维修**：此类故障属 N5 损坏，更换后即可排除故障。

（2）**图文解说**：检修时重点检测 N5 的 12V 输出电压。N5 相关电路如图 6-16 所示。

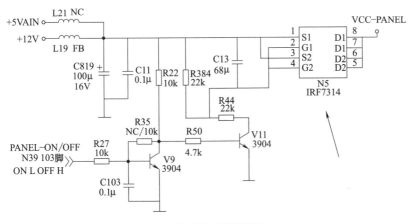

图 6-16　N5 相关电路图

# 第四节 海信 TLM4277 型

**1.故障现象：开机慢，且 AV1 无图像**

（1）**故障维修**：此类故障属 R136 虚焊、N016 损坏，补焊 R136、更换 N016 后即可排除故障。

（2）**图文解说**：检修时重点检测 R136、N016。N016 相关电路如图 6-17 所示。

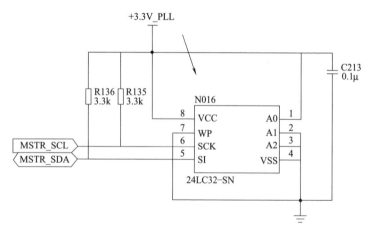

图 6-17　N016 相关电路图

**2.故障现象：图像为静止的花屏**

（1）**故障维修**：此类故障属 L016 损坏，更换后即可排除故障。

（2）**图文解说**：检修时重点检测 N006 的第㉙脚供电（正常为 3.3V）。L016 相关电路如图 6-18 所示。

**3.故障现象：开机后蓝色指示灯亮，呈黑屏状态**

（1）**故障维修**：此类故障属电容 CE517 漏电，更换后即可排

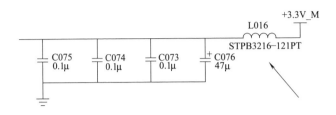

图 6-18　L016 相关电路图

除故障。

（2）**图文解说**：检修时重点检测背光灯电源输出端电压（正常为 24V）。CE517 相关电路如图 6-19 所示。

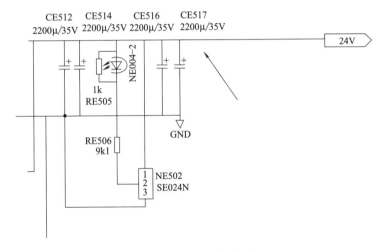

图 6-19　CE517 相关电路图

## 4.故障现象：开机无光栅、无声音、无图像，指示灯闪烁

（1）**故障维修**：此类故障属 DE521 漏电损坏，更换后即可排除故障。

（2）**图文解说**：检修时重点检测 NE521 的第③脚 VCC 电压（正常为 20V）。DE521 相关电路如图 6-20 所示。

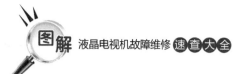

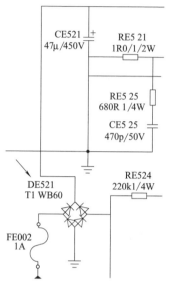

图 6-20　DE521 相关电路图

### 5.故障现象：不能开机，指示灯不亮

（1）故障维修：此类故障属 RE524 开路，更换后即可排除故障。

（2）图文解说：检修时重点检测 NE521 第③脚电压（正常为 15V 左右）。RE524 相关电路如图 6-21 所示。

### 6.故障现象：无图像、无声音、指示灯闪烁

（1）故障维修：此类故障属 TE003 和 DE007 相连的引脚未穿透线路板，重新校正并焊好后即可排除故障。

（2）图文解说：检修时重点检测 NE001 的第①脚 VCC 电压（正常为 22.5V）。TE003 相关电路如图 6-22 所示。

### 7.故障现象：无图像、无声音，指示灯亮

（1）故障维修：此类故障属 NE501 不良，更换后即可排除

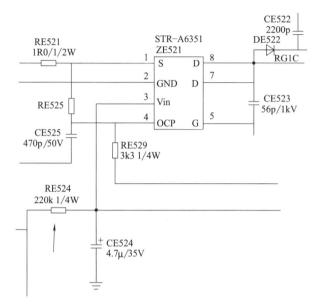

图 6-21　RE524 相关电路图

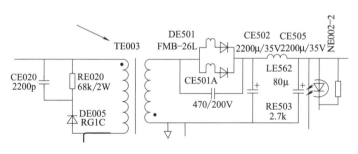

图 6-22　TE003 相关电路图

故障。

（2）**图文解说**：检修时重点检测 12V 输出电压。NE501 相关电路如图 6-23 所示。

### ：：：：8.故障现象：开机后蓝色指示灯亮，黑屏

（1）**故障维修**：此类故障属二极管 DE511 不良，更换后即可

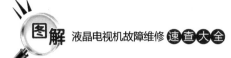
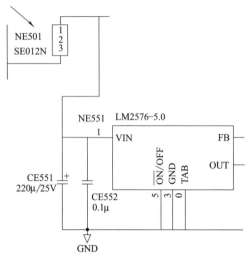

图 6-23 NE501 相关电路图

排除故障。

（2）**图文解说**：检修时重点检测 PFC 电压（正常为 380V）。DE511 相关电路如图 6-24 所示。

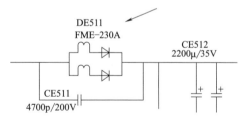

图 6-24 DE511 相关电路图

::::: **9.故障现象：** **无光栅、无声音、无图像，指示灯闪烁**

（1）**故障维修**：此类故障属 RE033 与 NE004 内光敏晶体管集电极相接的一脚开焊，将其重新焊接后即可排除故障。

（2）**图文解说**：检修时重点检测 RE033、NE004。RE033 相关电路如图 6-25 所示。

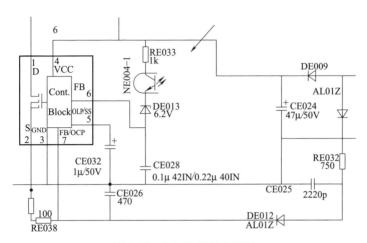

图 6-25 RE033 相关电路图

## 10.故障现象: 黑屏，背光灯亮

（1）**故障维修**：此类故障属 N026、V008 损坏，更换后即可排除故障。

（2）**图文解说**：检修时重点检测逻辑板的供电（正常为 12V）。V008 相关电路如图 6-26 所示。

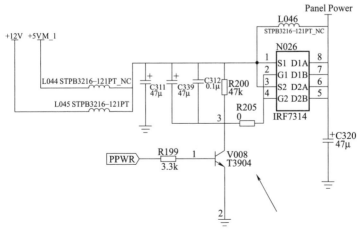

图 6-26 V008 相关电路图

**11.故障现象：** **图像缺绿色**

（1）**故障维修：** 此类故障属排阻 RP028、RP029 不良，更换后即可排除故障。

（2）**图文解说：** 检修时重点检测 RP028、RP029。RP028 相关电路如图 6-27 所示。

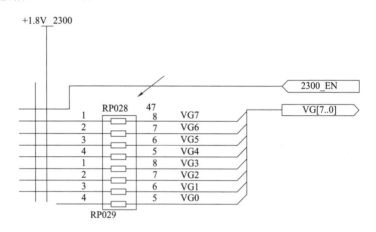

+1.8V_2300

2300_EN

RP028    47

VG[7..0]

| | | |
|---|---|---|
| 1 | 8 | VG7 |
| 2 | 7 | VG6 |
| 3 | 6 | VG5 |
| 4 | 5 | VG4 |
| 1 | 8 | VG3 |
| 2 | 7 | VG2 |
| 3 | 6 | VG1 |
| 4 | 5 | VG0 |

RP029

图 6-27　RP028 相关电路图

**12.故障现象：** **一次开机不启动**

（1）**故障维修：** 此类故障属 N008 不良，更换后即可排除故障。

（2）**图文解说：** 检修时重点检测 N008。N008 相关电路如图 6-28 所示。

**13.故障现象：** **开机黑屏声音正常，指示灯亮**

（1）**故障维修：** 此类故障属限流电阻 RE036、RE032、RE038损坏，更换后即可排除故障。

（2）**图文解说：** 检修时重点检测电源板＋24V 电压。

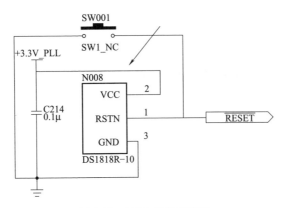

图 6-28　N008 相关电路图

## 14.故障现象：开机无光栅、无声音、无图像，红色指示灯亮

（1）**故障维修**：此类故障属 NE003 不良，更换后即可排除故障。

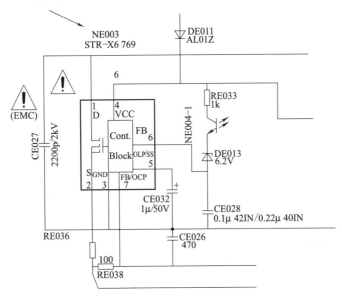

图 6-29　NE003 相关电路图

（2）**图文解说**：检修时重点检测 NE003。NE003 相关电路如图 6-29 所示。

**15.故障现象**：开机无图像且屏幕微亮

（1）**故障维修**：此类故障属 NE551 不良，更换后即可排除故障。

（2）**图文解说**：检修时重点检测 NE551。NE551 相关电路如图 6-30 所示。

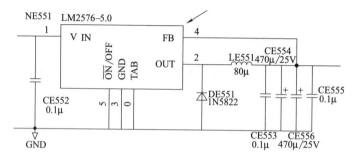

图 6-30　NE551 相关电路图

# 第五节　海信 TLM4236P 型

**1.故障现象**：花屏

（1）**故障维修**：此类故障属 U41 和 U12 虚焊，补焊后即可排除故障。

（2）**图文解说**：检修时重点检测 U12 供电（正常为 2.5V）。U12 相关电路如图 6-31 所示。

**2.故障现象**：换台时不定时出现无声音

（1）**故障维修**：此类故障属 TFA9810 不良，更换后即可排除故障。

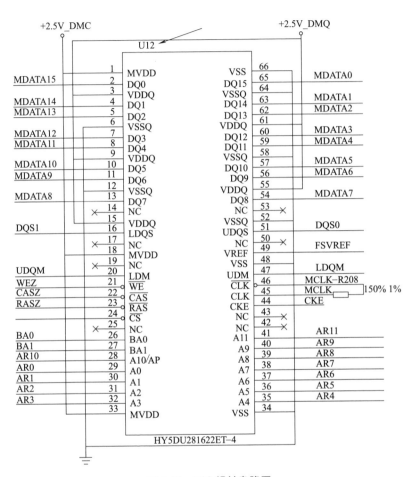

**图 6-31　U12 相关电路图**

（2）**图文解说：**检修时重点检测 TFA9810。TFA9810 相关电路如图 6-32 所示。

### 3.故障现象：有声无图，黑屏

（1）**故障维修：**此类故障属 UP1 损坏，更换后即可排除故障。

（2）**图文解说：**检修时重点检测 UP1 第⑩脚电压（正常直流

273

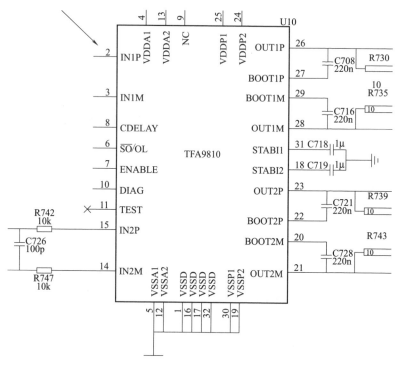

图 6-32 TFA9810 相关电路图

电压为 2.25V、交流电压为 5V 左右）。UP1 相关电路如图 6-33 所示。

### 4.故障现象：灯亮不能开机

（1）故障维修：此类故障属 U13 不良，更换后即可排除故障。

（2）图文解说：检修时重点检测 U13 第③脚输出的 CPU 内核供电电压与对地电阻值（正常供电电压为 1.2V、对地电阻 83Ω 左右）。U13 相关电路如图 6-34 所示。

### 5.故障现象：无声音

（1）故障维修：此类故障属 D700 性能不良，更换后即可排除

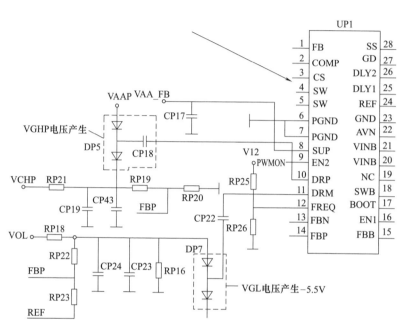

图 6-33　UP1 相关电路图

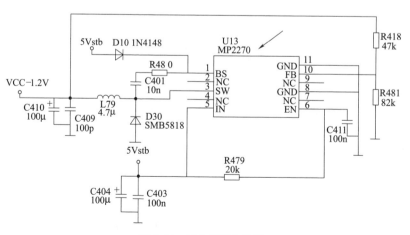

图 6-34　U13 相关电路图

故障。

(2) **图文解说**：检修时重点检测 D700。D700 相关电路如图 6-35 所示。

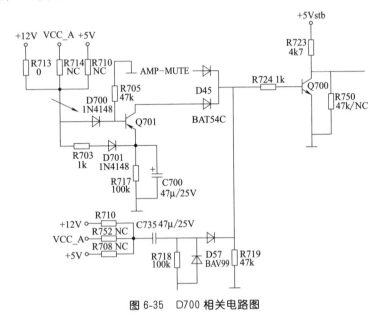

图 6-35　D700 相关电路图

# 第六节　海信 TLM2619 型

**1.故障现象：**按键失灵，海信 LOGO 在屏幕左上角

(1) **故障维修**：此类故障属 N11（24LC32）不良，更换后即可排除故障。

(2) **图文解说**：检修时重点检测 N11。N11 相关电路如图 6-36 所示。

**2.故障现象：**无声音、无图像，电源指示灯从红色变为绿色

(1) **故障维修**：此类故障属 NE001 损坏，更换后即可排除故障。

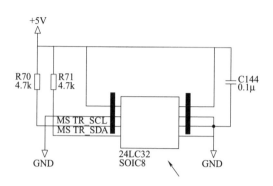

图 6-36 N11（24LC32）相关电路图

（2）**图文解说**：检修时重点检测 CF004 上的电压（正常为 300V）。NE001 相关电路如图 6-37 所示。

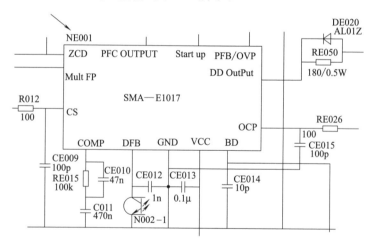

图 6-37 NE001 相关电路图

## 3.故障现象：无光栅、无声音、无图像，灯亮

（1）**故障维修**：此类故障属 RE039 开路，更换后即可排除故障。

（2）**图文解说**：检修时重点检测电源供电（正常为 24V）。RE039 相关电路如图 6-38 所示。

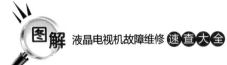

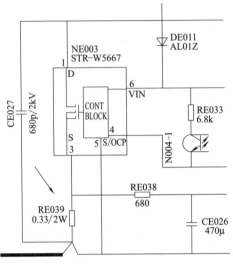

图 6-38    RE039 相关电路图

**4.故障现象：** 屏闪

(1) **故障维修：** 此类故障属电阻 RE031 不良，更换后即可排除故障。

(2) **图文解说：** 检修时重点检测二极管 DE009 两端电压（正常为 12V）。RE031 相关电路如图 6-39 所示。

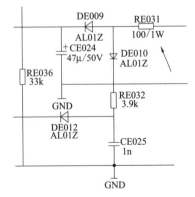

图 6-39    RE031 相关电路图

# 第七节 海信 TLM4777 型

**1.故障现象：有声音，无光栅**

（1）**故障维修**：此类故障属电容 C280 不良，更换后即可排除故障。

（2）**图文解说**：检修时重点检测 C280。C280 相关电路如图 6-40 所示。

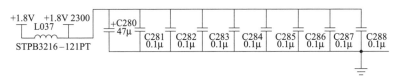

图 6-40　C280 相关电路图

**2.故障现象：画面花屏，主画面正常**

（1）**故障维修**：此类故障属晶振 Z003 不良，更换后即可排除故障。

（2）**图文解说**：检修时重点检测 Z003。Z003 相关电路如图 6-41 所示。

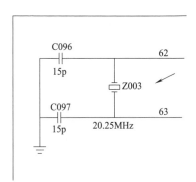

图 6-41　Z003 相关电路图

## 3.故障现象: 开机显示 LOGO 画面后保护

（1）**故障维修**：此类故障属电容 C180、C280、C380、C480 和 C120 不良，将其改为 2200pF 的陶瓷贴片电容即可排除故障。

（2）**图文解说**：检修时重点检测 C180、C280、C380、C480 和 C120。C180 相关电路如图 6-42 所示。

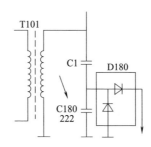

图 6-42　C180 相关电路图

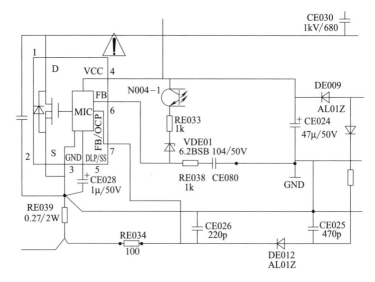

图 6-43　RE038 相关电路图

**4.故障现象：灯亮，不能开机**

（1）**故障维修**：此类故障属 RE038、RE036、NE004 不良，更换后即可排除故障。

（2）**图文解说**：检修时重点检测 RE038、RE036、NE004。RE038 相关电路如图 6-43 所示。

# 第八节  海信 TLM3266 型

**1.故障现象：开机黑屏**

（1）**故障维修**：此类故障属 U602 损坏，更换后即可排除故障。

（2）**图文解说**：检修时重点检测 U602。U602 相关电路如图 6-44 所示。

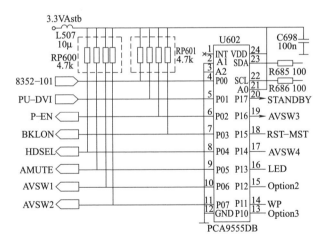

图 6-44  U602 相关电路图

**2.故障现象：开机后灰屏且无噪波**

（1）**故障维修**：此类故障属 U106 不良，更换后即可排除故障。

（2）**图文解说**：检修时重点检测 U108 输出端电压（正常为 8V）。U106 相关电路如图 6-45 所示。

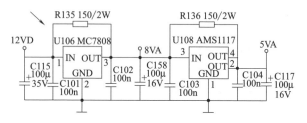

图 6-45　U106 相关电路图

**3.故障现象：开机屏亮，无信号显示**

（1）**故障维修**：此类故障属二极管 D102 开路，更换后即可排除故障。

（2）**图文解说**：检修时重点检测 D102。D102 相关电路如图 6-46 所示。

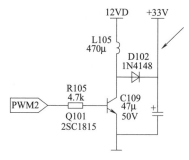

图 6-46　D102 相关电路图

**4.故障现象：开机小灯不能点亮，遥控功能失控**

（1）**故障维修**：此类故障属电感 L102 开路，更换后即可排除故障。

（2）**图文解说**：检修时重点检测 L102。L102 相关电路如

图 6-47所示。

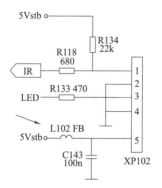

图 6-47　L102 相关电路图

**5.故障现象：通电后继电器能吸合，背光灯亮，但黑屏**

（1）**故障维修**：此类故障属 U107 损坏，更换后即可排除故障。

（2）**图文解说**：检修时重点检测 U107 输入电压（正常为12V）。U107 相关电路如图 6-48 所示。

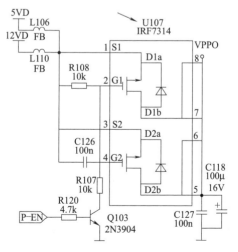

图 6-48　U107 相关电路图

**6.故障现象：图像显示正常，无声音**

（1）**故障维修**：此类故障属 U800 不良，更换后即可排除故障。

（2）**图文解说**：检修时重点检测 U800。U800 相关电路如图 6-49 所示。

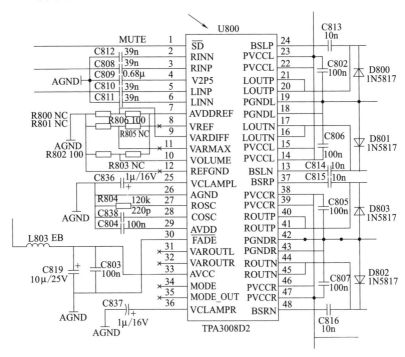

图 6-49　U800 相关电路图

## 第九节　海信 TLM3201 型

**1.故障现象：TV 声音正常，AV 输入声音不正常**

（1）**故障维修**：此类故障属电感 L504 不良，更换后即可排除故障。

（2）**图文解说**：检修时重点检测 U211 的第⑯脚 VCC 供电（正常为＋5V）。L504 相关电路如图 6-50 所示。

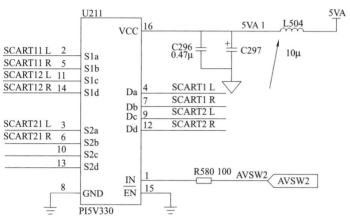

图 6-50　L504 相关电路图

### 2.故障现象：不能开机，指示灯也不亮

（1）**故障维修**：此类故障属启动电阻 RE524 开路，更换后即可排除故障。

（2）**图文解说**：检修时重点检测 ZE521 的第③脚电压（正常为 15V）。RE524 相关电路如图 6-51 所示。

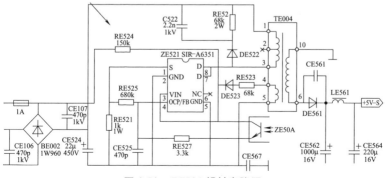

图 6-51　RE524 相关电路图

**3.故障现象：出现异常字符后死机**

（1）**故障维修**：此类故障属 U604 数据错误，将 U604 拆下，用电脑进行清空重新焊接即可排除故障。

（2）**图文解说**：检修时重点检测 U604。U604 相关电路如图 6-52 所示。

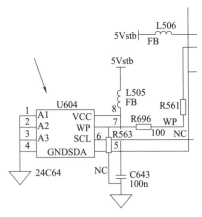

图 6-52　U604 相关电路图

**4.故障现象：红色指示灯亮，但不能开机**

（1）**故障维修**：此类故障属 FLASH 芯片 U606 不良，将该芯片取下，用写入仪写入专用程序后装回复原即可排除故障。

（2）**图文解说**：检修时重点检测 U606。U606 相关电路如图 6-53 所示。

**5.故障现象：花屏**

（1）**故障维修**：此类故障属 C330 脱焊，补焊后即可排除故障。

（2）**图文解说**：检修时重点检测 C330。C330 相关电路如图 6-54所示。

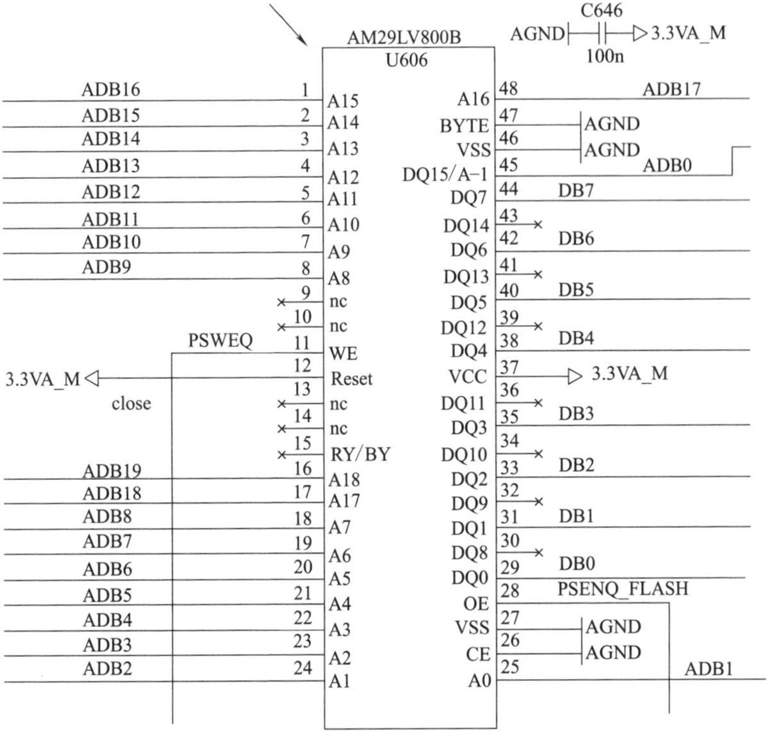

AM29LV800B
U606

C646
AGND ─┤├─ ▷3.3VA_M
100n

| ADB16 | 1 | A15 | A16 | 48 | ADB17 |
| ADB15 | 2 | A14 | BYTE | 47 | AGND |
| ADB14 | 3 | A13 | VSS | 46 | AGND |
| ADB13 | 4 | A12 | DQ15/A-1 | 45 | ADB0 |
| ADB12 | 5 | A11 | DQ7 | 44 | DB7 |
| ADB11 | 6 | A10 | DQ14 | 43 | |
| ADB10 | 7 | A9 | DQ6 | 42 | DB6 |
| ADB9 | 8 | A8 | DQ13 | 41 | |
| | 9 | nc | DQ5 | 40 | DB5 |
| | 10 | nc | DQ12 | 39 | |
| PSWEQ | 11 | WE | DQ4 | 38 | DB4 |
| 3.3VA_M ◁ | 12 | Reset | VCC | 37 | ▷ 3.3VA_M |
| close | 13 | nc | DQ11 | 36 | |
| | 14 | nc | DQ3 | 35 | DB3 |
| | 15 | RY/BY | DQ10 | 34 | |
| ADB19 | 16 | A18 | DQ2 | 33 | DB2 |
| ADB18 | 17 | A17 | DQ9 | 32 | |
| ADB8 | 18 | A7 | DQ1 | 31 | DB1 |
| ADB7 | 19 | A6 | DQ8 | 30 | |
| ADB6 | 20 | A5 | DQ0 | 29 | DB0 |
| ADB5 | 21 | A4 | OE | 28 | PSENQ_FLASH |
| ADB4 | 22 | A3 | VSS | 27 | AGND |
| ADB3 | 23 | A2 | CE | 26 | AGND |
| ADB2 | 24 | A1 | A0 | 25 | ADB1 |

图 6-53 U606 相关电路图

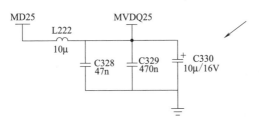

图 6-54 C330 相关电路图

**6.故障现象:** 蓝色指示灯亮,继电器有吸合声,但不能开机

(1)**故障维修:** 此类故障属限流反馈电阻 RE039 开路,更换

后即可排除故障。

(2) **图文解说**：检修时重点检测 RE039。RE039 相关电路如图 6-55 所示。

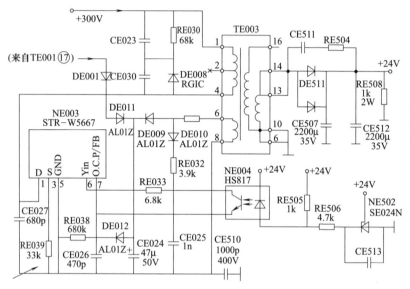

图 6-55　RE039 相关电路图

### 7.故障现象：无声音

(1) **故障维修**：此类故障属电容 C848 漏电，更换后即可排除故障。

(2) **图文解说**：检修时重点检测 C848。C848 相关电路如图 6-56所示。

### 8.故障现象：信号弱

(1) **故障维修**：此类故障属 U600 不良，更换后即可排除故障。

(2) **图文解说**：检修时重点检测 U600。U600 相关电路如图 6-57 所示。

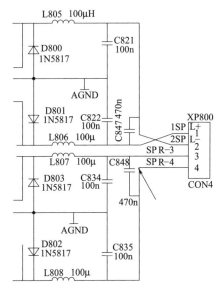

图 6-56　C848 相关电路图

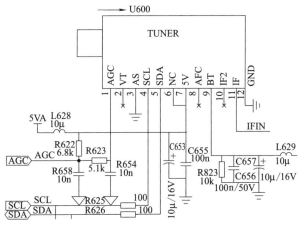

图 6-57　U600 相关电路图

## 9.故障现象：有声音无图像

（1）**故障维修**：此类故障属 U107 性能不良，更换后即可排除故障。

（2）**图文解说**：检修时重点检测 U107 的输入电压（正常为 5V）。U107 相关电路如图 6-58 所示。

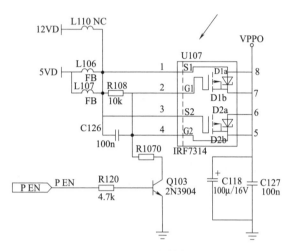

图 6-58　U107 相关电路图

### 10.故障现象： 有时不开机，或开机后花屏

（1）**故障维修**：此类故障属集成电路 NE501 不良，更换后即

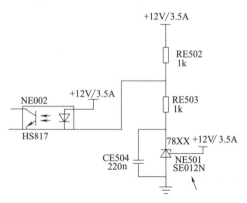

图 6-59　NE501 相关电路图

可排除故障。

（2）**图文解说**：检修时重点检测电源主电压（正常为 12V）。
NE501 相关电路如图 6-59 所示。

# 第十节　海信其他机型

::::: **1.故障现象**：TLM1519 型无信号，开机无图像

（1）**故障维修**：此类故障属 N110 不良，更换后即可排除
故障。

（2）**图文解说**：检修时重点检测 XP11 的供电（正常为 12V）。
N110 相关电路如图 6-60 所示。

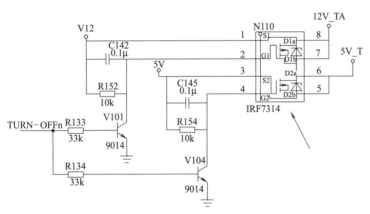

图 6-60　N110 相关电路图

::::: **2.故障现象**：TLM1519 型自动搜台蓝屏，无信号

（1）**故障维修**：此类故障属电感 L201 开路，更换后即可排除
故障。

（2）**图文解说**：检修时重点检测 L201。L201 相关电路如
图 6-61所示。

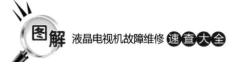

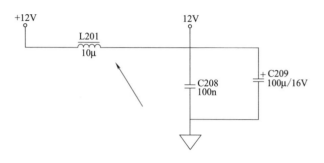

图 6-61　L201 相关电路图

### 3.故障现象：TLM1718型搜台少

（1）**故障维修**：此类故障属二极管 VD200 不良，更换后即可排除故障。

（2）**图文解说**：检修时重点检测 VD200 负极电压（正常为33V）。VD200 相关电路如图 6-62 所示。

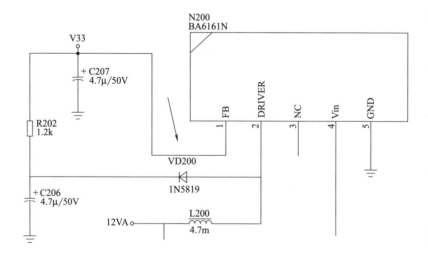

图 6-62　VD200 相关电路图

## 4.故障现象：TLM2637 型无光栅、无声音、无图像，蓝色指示灯亮

（1）**故障维修：**此类故障属 N6 损坏，更换后即可排除故障。

（2）**图文解说：**检修时重点检测 N6。N6 相关电路如图 6-63 所示。

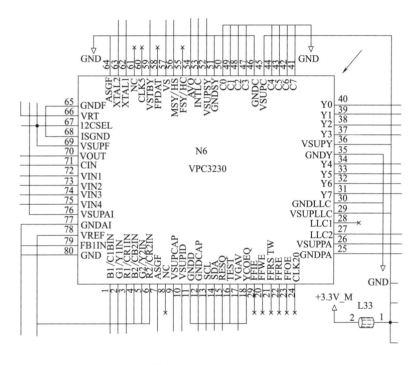

图 6-63　N6 相关电路图

## 5.故障现象：TLM26E29 型收台少、光栅暗

（1）**故障维修：**此类故障属 Z3 不良，更换后即可排除故障。

（2）**图文解说：**检修时重点检测 Z3。Z3 相关电路如图 6-64 所示。

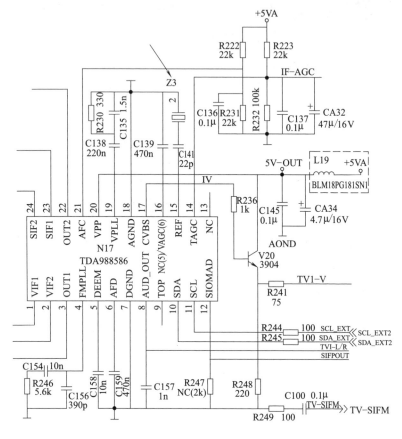

图 6-64 Z3 相关电路图

## 6.故障现象：TLM26E29 型无光栅、无声音

（1）**故障维修**：此类故障属 VZ901、VZ903 击穿短路，更换后即可排除故障。

（2）**图文解说**：检修时重点检测 VZ901、VZ903。VZ901、VZ903 相关电路如图 6-65 所示。

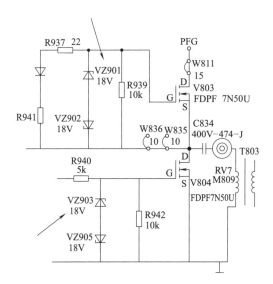

图 6-65  VZ901、VZ903 相关电路图

## 7.故障现象： TLM26E29 型无光栅、无声音、无图像

（1）**故障维修**：此类故障属 V803、V804 不良，更换后即可排除故障。

（2）**图文解说**：检修时重点检测 V803、V804。V803、V804 相关电路如图 6-66 所示。

## 8.故障现象： TLM26V68 型亮度高图像拖尾

（1）**故障维修**：此类故障属电容 C32 短路，更换后即可排除故障。

（2）**图文解说**：检修时重点检测 C32。C32 相关电路如图 6-67 所示。

## 9.故障现象： TLM26V68 型有声音黑屏

（1）**故障维修**：此类故障属电阻 R877 不良，将 R877 焊下，在 C863 的非接地端加上 5V 电压。

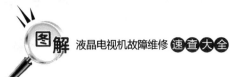

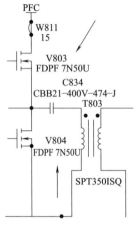

图 6-66　V803、V804 相关电路图

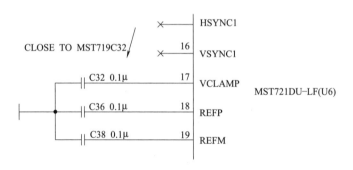

图 6-67　C32 相关电路图

　　（2）**图文解说**：检修时重点检测 C863。C863 相关电路如图 6-68所示。

### 10.故障现象：TLM26V68 型自动换台

　　（1）**故障维修**：此类故障属 U2 不良，更换后即可排除故障。

　　（2）**图文解说**：检修时重点检测主芯片供电（正常为＋3.3V）。U2 相关电路如图 6-69 所示。

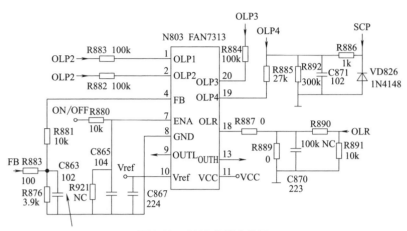

图 6-68　C863 相关电路图

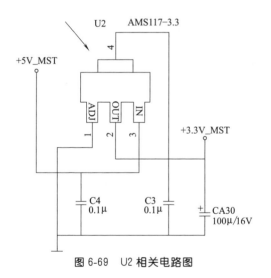

图 6-69　U2 相关电路图

## 11.故障现象：TLM32E29X 型开机无光栅、无声音、无图像，指示灯不亮

（1）**故障维修**：此类故障属 C824、V802、R837 不良，更换后即可排除故障。

（2）**图文解说**：检修时重点检测 C824、V802、R837。C824
相关电路如图 6-70 所示。

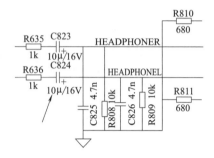

图 6-70　C824 相关电路图

**12.故障现象：** TLM32E29X 型指示灯亮，数秒后指示
灯熄灭

（1）**故障维修**：此类故障属 VD824 不良，更换后即可排除
故障。

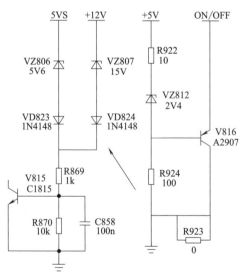

图 6-71　VD824 相关电路图

（2）**图文解说**：检修时重点检测 VD824。VD824 相关电路如图 6-71 所示。

## 13.故障现象：TLM3737 型关机后无记忆

（1）**故障维修**：此类故障属 N13 不良，更换后即可排除故障。

（2）**图文解说**：检修时重点检测 N13。N13 相关电路如图 6-72所示。

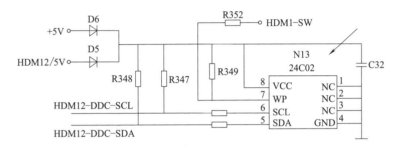

图 6-72　N13 相关电路图

## 14.故障现象：TLM3737 型收台少

（1）**故障维修**：此类故障属 V27 不良，更换后即可排除故障。

（2）**图文解说**：检修时重点检测 V27。V27 相关电路如图 6-73所示。

## 15.故障现象：TLM3737 型无图像

（1）**故障维修**：此类故障属主板电路不良，在主板的 N026 位置增加开关集成电路 IRF7314，去掉电感 L046 即可排除故障。

（2）**图文解说**：检修时重点检测主板。L046 相关电路如图 6-74所示。

## 16.故障现象：TLM3788P 型开机背光灯亮，无图像有声音

（1）**故障维修**：此类故障属 N026 短路，更换后即可排除故障。

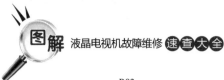

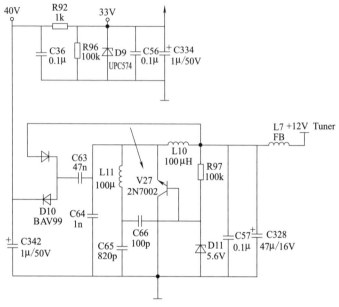

图 6-73　V27 相关电路图

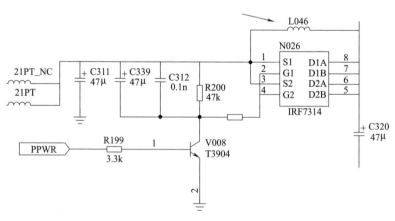

图 6-74　L046 相关电路图

　　（2）**图文解说**：检修时重点检测 N026。N026 相关电路如图 6-75 所示。

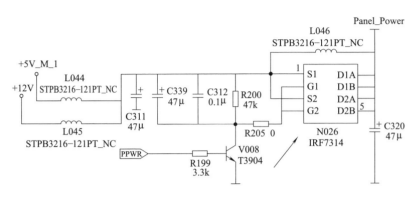

图 6-75　N026 相关电路图

### ⋮⋮⋮ 17.故障现象：TLM3788P 型无光栅、无声音、无图像，蓝色指示灯亮

（1）**故障维修**：此类故障属二极管 DE511 击穿，更换后即可排除故障。

（2）**图文解说**：检修时重点检测排插 XPE006 的电压输出（正常为＋24V）。DE511 相关电路如图 6-76 所示。

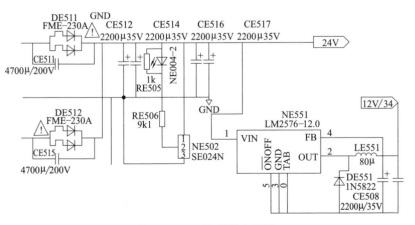

图 6-76　DE511 相关电路图

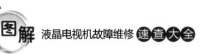
**18.故障现象：** TLM37E29 型灯亮不能开机

（1）**故障维修：** 此类故障属 U25 不良，更换后即可排除故障。

（2）**图文解说：** 检修时重点检测 U25 第⑦脚电压（正常为高电平 3.2V）。U25 相关电路如图 6-77 所示。

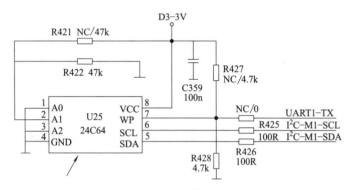

图 6-77　U25 相关电路图

**19.故障现象：** TLM37V88P 型不能开机

（1）**故障维修：** 此类故障属 C479 不良，更换后即可排除故障。

（2）**图文解说：** 检修时重点检测 C479。C479 相关电路如图 6-78所示。

**20.故障现象：** TLM42V68PK 型待机时遥控不能开机

（1）**故障维修：** 此类故障属 V55 性能不良，更换后即可排除故障。

（2）**图文解说：** 检修时重点检测 V55。V55 相关电路如图 6-79所示。

**21.故障现象：** TLM46V86P 型不定时黑屏，有声无图

（1）**故障维修：** 此类故障属 XP11 的第㉒脚里面的导线断裂，

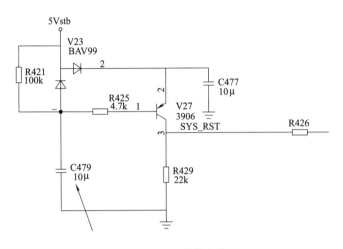

**图 6-78  C479 相关电路图**

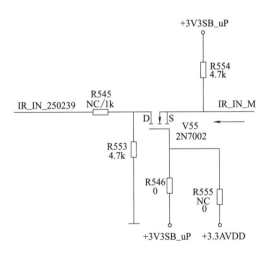

**图 6-79  V55 相关电路图**

重新处理后即可排除故障。

(2) **图文解说**：检修时重点检测 XP11。XP11 相关电路如图 6-80 所示。

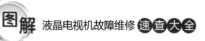

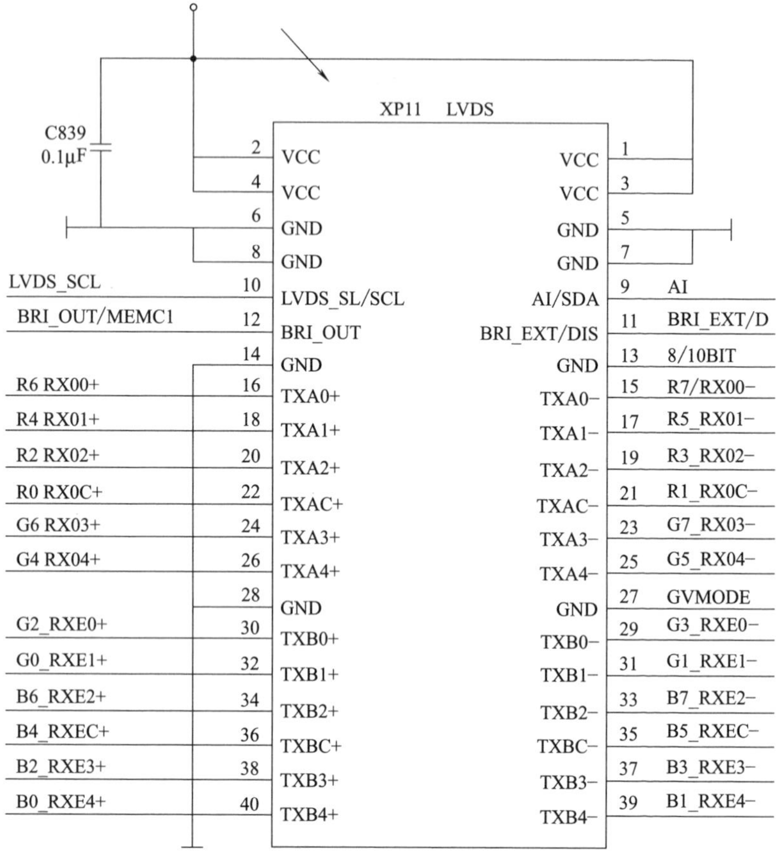

| | | XP11 | LVDS | | |
|---|---|---|---|---|---|
| | 2 | VCC | VCC | 1 | |
| | 4 | VCC | VCC | 3 | |
| | 6 | GND | GND | 5 | |
| | 8 | GND | GND | 7 | |
| LVDS_SCL | 10 | LVDS_SL/SCL | AI/SDA | 9 | AI |
| BRI_OUT/MEMC1 | 12 | BRI_OUT | BRI_EXT/DIS | 11 | BRI_EXT/D |
| | 14 | GND | GND | 13 | 8/10BIT |
| R6 RX00+ | 16 | TXA0+ | TXA0− | 15 | R7/RX00− |
| R4 RX01+ | 18 | TXA1+ | TXA1− | 17 | R5_RX01− |
| R2 RX02+ | 20 | TXA2+ | TXA2− | 19 | R3_RX02− |
| R0 RX0C+ | 22 | TXAC+ | TXAC− | 21 | R1_RX0C− |
| G6 RX03+ | 24 | TXA3+ | TXA3− | 23 | G7_RX03− |
| G4 RX04+ | 26 | TXA4+ | TXA4− | 25 | G5_RX04− |
| | 28 | GND | GND | 27 | GVMODE |
| G2_RXE0+ | 30 | TXB0+ | TXB0− | 29 | G3_RXE0− |
| G0_RXE1+ | 32 | TXB1+ | TXB1− | 31 | G1_RXE1− |
| B6_RXE2+ | 34 | TXB2+ | TXB2− | 33 | B7_RXE2− |
| B4_RXEC+ | 36 | TXBC+ | TXBC− | 35 | B5_RXEC− |
| B2_RXE3+ | 38 | TXB3+ | TXB3− | 37 | B3_RXE3− |
| B0_RXE4+ | 40 | TXB4+ | TXB4− | 39 | B1_RXE4− |

C839
0.1μF

图 6-80　XP11 相关电路图

**22.故障现象：TLM47V67PK 型屡烧扬声器**

（1）**故障维修：**此类故障属电容 C85 漏电，更换后即可排除故障。

（2）**图文解说：**检修时重点检测 C85。C85 相关电路如图 6-81 所示。

**23.故障现象：TLM55V88GP 型 VGA 无信号**

（1）**故障维修：**此类故障属压敏电阻 R214、R216、R217、

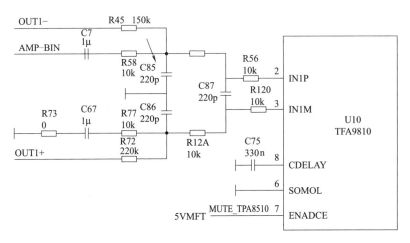

图 6-81　C85 相关电路图

R218 短路，阻抗电阻 R98、R99、R100 开路，更换后即可排除故障。

(2) **图文解说**：检修时重点检测压敏电阻 R214、R216。压敏电阻 R214 相关电路如图 6-82 所示。

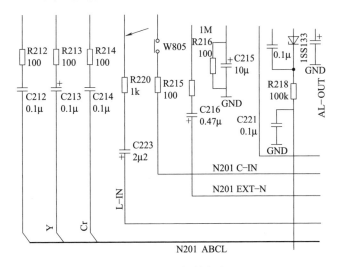

图 6-82　R214 相关电路图

# 第七章

## 松下液晶电视机

# 第一节 松下 TH-42P60C 型

**1.故障现象：** 无光栅、无声音、无图像，指示灯不亮

（1）**故障维修：** 此类故障属 D406 击穿，更换后即可排除故障。

（2）**图文解说：** 检修时重点检测 IC407 的启动电压（正常为 12V）。D406 相关电路如图 7-1 所示。

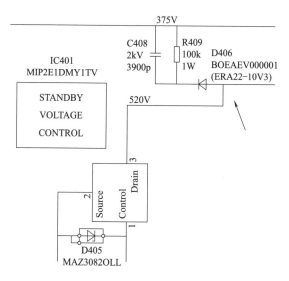

图 7-1　D406 相关电路图

**2.故障现象：** 黑屏

（1）**故障维修：** 此类故障属 IC9302 不良，更换后即可排除故障。

（2）**图文解说：** 检修时重点检测 IC9302。IC9302 相关电路如图 7-2 所示。

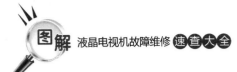 

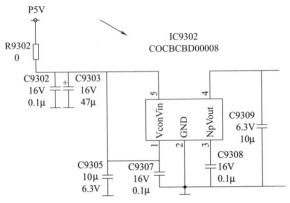

图 7-2　IC9302 相关电路图

## 3.故障现象：屏幕有干扰线

（1）**故障维修：**此类故障属 R9322 至 IC9601 之间断线，重新连接后即可排除故障。

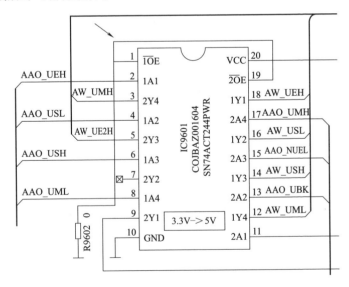

图 7-3　IC9601 相关电路图

（2）**图文解说**：检修时重点检测 R9322 至 IC9601。IC9601 相关电路如图 7-3 所示。

**4.故障现象：** 指示灯不亮，不开机

（1）**故障维修**：此类故障属 D402 漏电，更换后即可排除故障。

（2）**图文解说**：检修时重点检测 D402。D402 相关电路如图 7-4 所示。

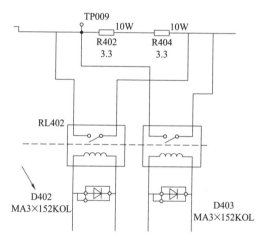

图 7-4　D402 相关电路图

**5.故障现象：** 不能开机，红色指示灯闪 **7** 下

（1）**故障维修**：此类故障属 C6458 短路，更换后即可排除故障。

（2）**图文解说**：检修时重点检测 C6458 的电压（正常为 25V）。C6458 相关电路如图 7-5 所示。

**6.故障现象：** 开机后保护，指示灯无闪烁

（1）**故障维修**：此类故障属 IC9006 短路，更换后即可排除

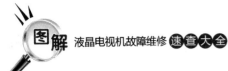

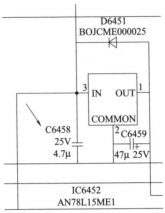

图 7-5　C6458 相关电路图

故障。

（2）**图文解说**：检修时重点检测 IC9006 第⑳脚供电（正常为 5V）。IC9006 相关电路如图 7-6 所示。

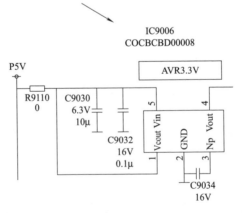

图 7-6　IC9006 相关电路图

### 7.故障现象：画面上有不规则的黑带

（1）**故障维修**：此类故障属 Q6524 短路，更换后即可排除故障。

（2）**图文解说**：检修时重点检测 VSET 电压（正常为 230V）。
Q6524 相关电路如图 7-7 所示。

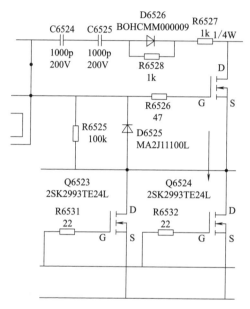

图 7-7　Q6524 相关电路图

## :::: 8.故障现象: 开机有图像无声音

（1）**故障维修**：此类故障属 IC2002 不良，更换后即可排除
故障。

（2）**图文解说**：检修时重点检测 IC2002。IC2002 相关电路如
图 7-8 所示。

## :::: 9.故障现象: 开机后图像花屏

（1）**故障维修**：此类故障属 C6511 漏电，更换后即可排除
故障。

（2）**图文解说**：检修时重点检测 C6511。C6511 相关电路如图

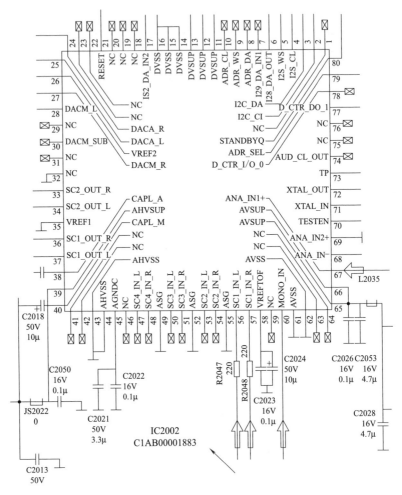

图 7-8　IC2002 相关电路图

7-9 所示。

:::::: **10.故障现象：** **开机 1h 后出现行不同步**

（1）**故障维修：** 此类故障属二极管 D1857、D1858 热稳定性差，更换后即可排除故障。

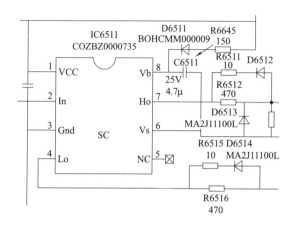

图 7-9　C6511 相关电路图

（2）**图文解说**：检修时重点检测 D1857、D1858。D1857 相关电路如图 7-10 所示。

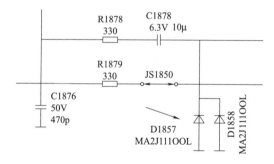

图 7-10　D1857 相关电路图

**::::::11.故障现象：** **不定时自动关机**

（1）**故障维修**：此类故障属 D408 不良，更换后即可排除故障。

（2）**图文解说**：检修时重点检测 IC403 的输入电压（正常为 7V）。D408 相关电路如图 7-11 所示。

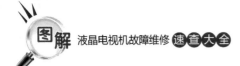

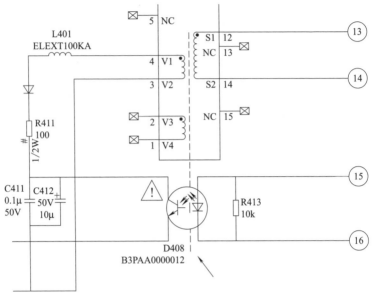

图 7-11　D408 相关电路图

# 第二节　松下其他机型

## 1.故障现象：TH-42PW6CZ 型不开机，电源指示灯间歇闪烁两下

（1）故障维修：此类故障属 IC6606 损坏，更换后即可排除故障。

（2）图文解说：检修时重点检测 IC6606。IC6606 相关电路如图 7-12 所示。

## 2.故障现象：TH-46PZ800C 型开机电源指示灯不亮，开不了机

（1）故障维修：此类故障属 ZD503 漏电，更换后即可排除

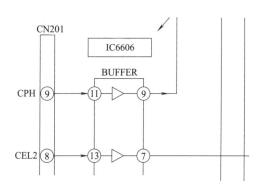

图 7-12　IC6606 相关电路图

故障。

（2）**图文解说**：检修时重点检测 IC501 第 4 脚电压（正常为 6V 左右）。ZD503 相关电路如图 7-13 所示。

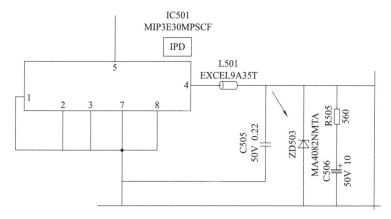

图 7-13　ZD503 相关电路图

## 3.故障现象：TH-50PH11CK 型不开机，指示灯闪 10 次

（1）**故障维修**：此类故障属 IC9003 不良，更换后即可排除故障。

（2）**图文解说**：检修时重点检测 IC9003 第⑦⑤脚电压（正常为

3.2V 左右）。IC9003 相关电路如图 7-14 所示。

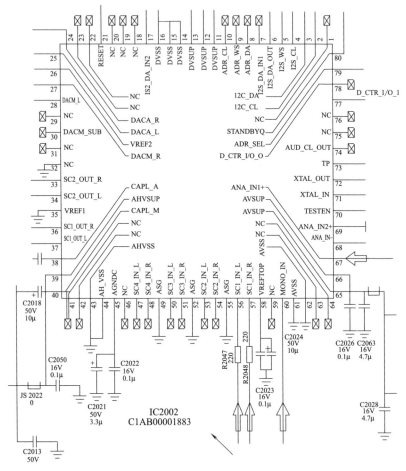

图 7-14　IC9003 相关电路图

**4.故障现象：** TH-50PV500C 型开机 TV/AV 无图像，无声音

（1）**故障维修：** 此类故障属 IC1109 不良，更换后即可排除故障。

（2）**图文解说**：检修时重点检测 IC1109。IC1109 相关电路如图 7-15 所示。

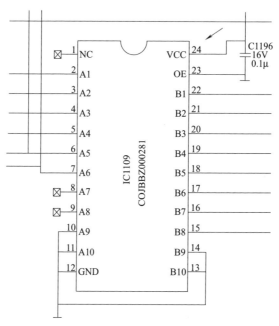

图 7-15　IC1109 相关电路图

### 5.故障现象：TH-L24C20C 型左声道无声音

（1）**故障维修**：此类故障属 Q1002 损坏，更换后即可排除故障。

（2）**图文解说**：检修时重点检测 Q1002。Q1002 相关电路如图 7-16 所示。

### 6.故障现象：TH-L32C8C 型不开机

（1）**故障维修**：此类故障属电容 C1840 短路，更换后即可排除故障。

（2）**图文解说**：检修时重点检测 MAIN3.3V 电压。C1840 相

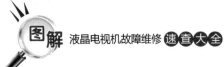

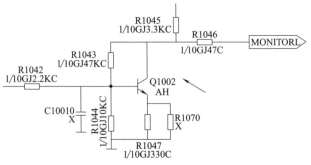

图 7-16　Q1002 相关电路图

关电路如图 7-17 所示。

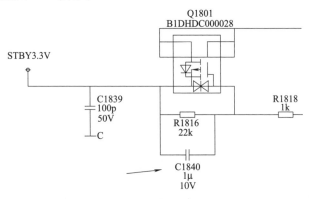

图 7-17　C1840 相关电路图

### :::::7.故障现象: TH-L32C8C 型不开机，LED 不亮

（1）**故障维修**：此类故障属电容 C5451 损坏，更换后即可排除故障。

（2）**图文解说**：检修时重点检测 C5451。C5451 相关电路如图 7-18 所示。

### :::::8.故障现象: 信号弱，满屏噪波点

（1）**故障维修**：此类故障属 R386 不良，更换后即可排除

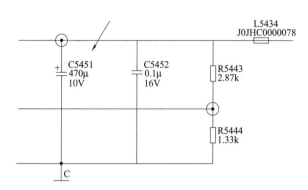

图 7-18 C5451 相关电路图

故障。

（2）**图文解说**：检修时重点检测 R386。R386 相关电路如图 7-19所示。

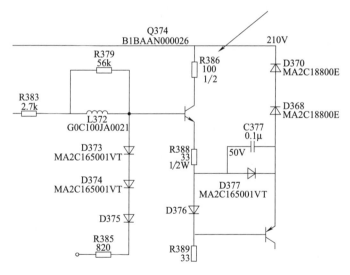

图 7-19 R386 相关电路图

第八章

# 海尔液晶电视机

# 第一节　海尔 L47A18-AK 型

## 1.故障现象：海尔 L47A18-AK 型主板不正常工作

　　(1) **故障维修**：此类故障属主板上 FLASH（U29）芯片损坏，更换 U29 后故障即可排除。

　　(2) **图文解说**：检修时重点检测主板上是否有虚焊或短路现象（主要看 FLI8538 和 U29 周围电路是否有虚焊或短路）；主板上所有电源（U17、U22、U8、U24、U18）是否正常；U29（FLASH 芯片）是否损坏；DDR 芯片（U15、U16）是否损坏。U29 相关电路截图如图 8-1 所示。

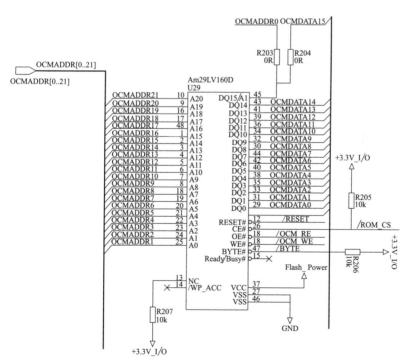

图 8-1　U29 相关电路截图

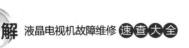

## 2.故障现象：海尔 L47A18-AK 型有 VGA，无 HDMI

（1）**故障维修**：此类故障属 U6（ANX9021）芯片外围晶振 X1（27MHz）不良，更换 X1 晶振后故障即可排除。

（2）**图文解说**：检修时重点检测 U6 供电是否正常（U5LM1117MPX3.3、U7LM1117MPX-1.8 是否有电压输出）；HDMI 输入插座引脚是否有信号；U6 芯片的 27MHz 时钟信号是否正常；U6 芯片周围电路是否正常；U4（24C02）、U31（24C02）周围电路是否正常。晶振 X1 相关电路截图如图 8-2 所示。

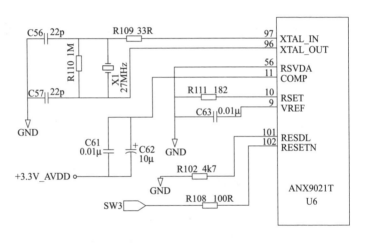

图 8-2　晶振 X1 相关电路截图

## 3.故障现象：海尔 L47A18-AK 型显示屏无图像（无 LOGO 画面）

（1）**故障维修**：此类故障属晶振 X3（19.6608MHz）不良。更换晶振 X3 后故障即可排除。

（2）**图文解说**：检修时重点检测主板电源是否正常；主板是否工作；U11（FLI8538）的行场及时钟是否输出正常；LVDS 信号线是否插好。X3 相关电路截图如图 8-3 所示。

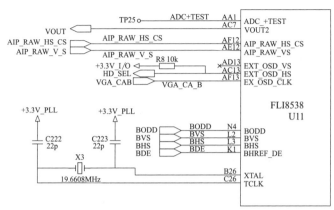

图 8-3　X3 相关电路截图

## 4.故障现象：海尔 L47A18-AK 型无 VGA 图像

（1）故障维修：此类故障属 VGA 插座（CON2）不良。修复或更换 VGA 插座故障即可排除。

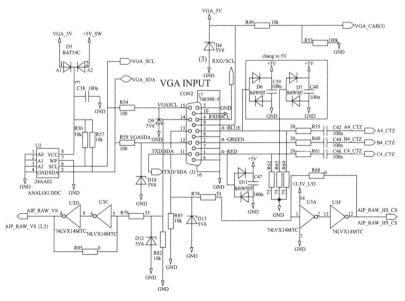

图 8-4　VGA 插座相关电路截图

（2）**图文解说**：检修时重点检测 VGA 插座（CON2）是否正常；VGA 信号源是否正常（PC 是否开机）；芯片 U2（24AA02）周围电路是否正常；芯片 U3（74LVX14MTC）输出的行场信号是否正常。VGA 插座（CON2）相关电路截图如图 8-4 所示。

### 5.故障现象：海尔 L47A18-AK 型画中画无图像

（1）**故障维修**：此类故障属晶振 XB1（19.6608MHz）不良，更换 XB1 后故障即可排除。

（2）**图文解说**：检修时重点检测 U19 在画中画打开状态下是否有 5V 输出；UB5、UB6 供电是否正常；UB1（FLI8125）外围电路如 19.6608MHz 晶振等是否正常。相关电路截图如图 8-5 所示。

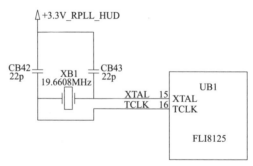

图 8-5　XB1 相关电路截图

# 第二节　海尔其他机型

### 1.故障现象：L37V6（A8K）型无 VGA 图像

（1）**故障维修**：此类故障属 AD9883A、PI5V330 及其外围元件有问题。

（2）**图文解说**：检修时重点检测 VGA 插座是否正常和 VGA 信号源是否正常（PC 是否开机）；芯片 AD9883A 周围电路是否正常、芯片 AD9883A 输出的行场及时钟信号是否正常；PI5V330 工

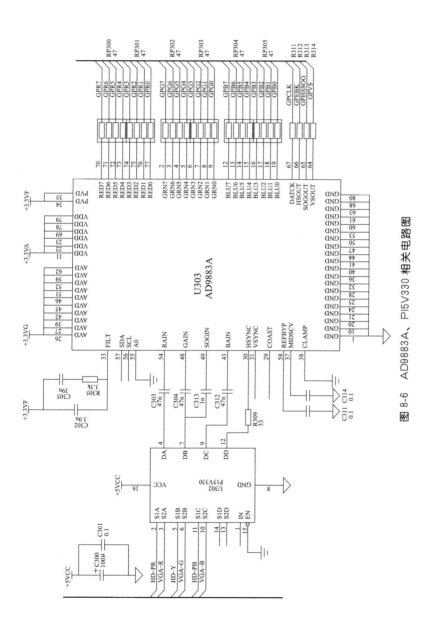

图 8-6 AD9883A、PI5V330 相关电路图

325

作是否正常。AD9883A、PI5V330 相关电路如图 8-6 所示。

## 2.故障现象: L42A9-AK 型 TV 无显示或搜不到台

（1）**故障维修**：此类故障一般属高频头有问题。

（2）**图文解说**：检修时重点检测高频头 UT1（FQ1216）的⑬脚和⑬脚 5V 电压是否正常、信号线连接是否紧密，高频头⑫脚是否有信号输出。UT1 相关电路如图 8-7 所示。

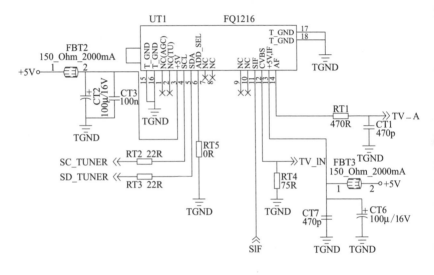

图 8-7　UT1 相关电路图

## 3.故障现象: L42N01 型有图像无声音

（1）**故障维修**：此类故障属立体声耳机驱动芯片 APA2176A 不良。

（2）**图文解说**：检修时重点检测耳机是否有问题，APA2176A ⑧脚供电电压是否正常，⑩、⑫脚音频信号是否正常。APA2176A 相关电路截图如图 8-8 所示。

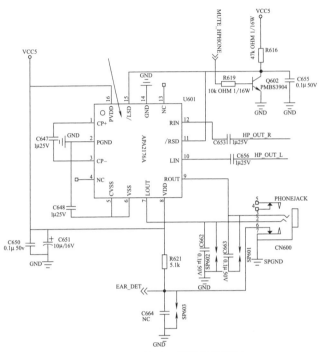

图 8-8　APA2176A 相关电路截图

---

#### ▓▓▓ **4.故障现象：** **LE55R3 型有图像无声音**

（1）**故障维修：** 此类故障属功放 TDA8932 不良。

（2）**图文解说：** 检修时重点检测扬声器是否插好；功放
TDA8932 输入电源是否正常、功放 8932 是否有虚焊或短路。
TDA8932 相关电路截图如图 8-9 所示。

#### ▓▓▓ **5.故障现象：** **LU42T1 型主板不正常工作**

（1）**故障维修：** 此类故障属主板上晶振 Y3（12MHz）不良。

（2）**图文解说：** 检修时重点检测主板所有电源是否正常；主板
上是否有虚焊或短路；FLASH 芯片是否损坏、晶振 Y3 是否起振。
Y3 相关电路截图如图 8-10 所示。

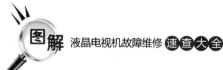

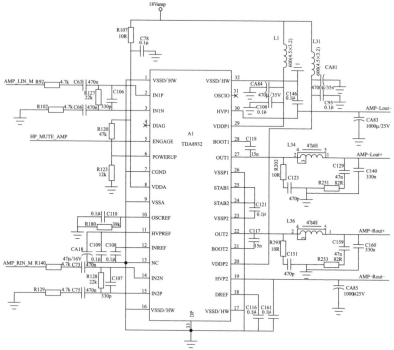

**图 8-9　TDA8932 相关电路截图**

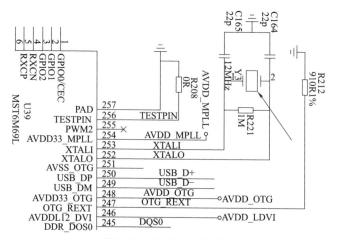

**图 8-10　Y3 相关电路截图**

附 录

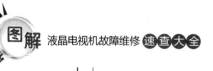
# 一、液晶电视机工厂模式速查

## 1. 长虹 LT32720 型（LM24 机芯）液晶彩电工厂模式的进入与调试

| 项　目 | 内　容 | 默　认　值 | 备　注 |
|---|---|---|---|
| ADC COLOR | 高清校色 | V＋/V－调节 | （1）工厂菜单的进入方法：①在 TV 模式的主菜单中，将音量减小到 0，按遥控器的静音键约 4s 后再同时按本机按键 MENU，进入工厂设置菜单；②可直接使用工厂遥控器的"工厂模式"按键进入 |
| PANEL SELECT | 屏参选择 | V＋/V－调节 | |
| 高频头选择 | 选择高频头 | V＋/V－调节 | |
| 产品系列选择 | 选择当前的系列 | V＋/V－调节 | |
| LOGO | 是否显示 LOGO | V＋/V－调节 | |
| POWER MODE | 上电模式 | V＋/V－调节 | |
| SURROUND | 环绕声 | V＋/V－调节 | |
| VOLUME | 音量调节 | V＋/V－调节 | （2）注意事项：①在通过工厂模式的第 12 项进入 D 模式后，左上角显示 D，而不是 M，其中字母 M 表示当前进入了工厂工厂模式，D 表示当前进入了设计模式。Index 后面的数字代表当前调节的索引号。在该页下，可以按 P＋/P－转换到不同的索引项，也可通过数字键直接进入某项（只可选择小于 10 的项）。每个对应项的索引与之对应。操作人员有唯一的索引或数字键或者 P＋/P－可以选择直接按数字键或者 V＋/V－键调节调节的项目。②在 M 模式下第 11 项调整时会清空存储的数据，若非必须请不要调动 |
| BALANCE | 平衡调节 | V＋/V－调节 | |
| AUTO SEARCH | 自动搜台 | V＋调节 | |
| INIT EEPROM | 初始化 E²PROM | V＋调节 | |
| ENTER DMENU | 进入设计菜单 | V＋调节 | |
| FACTORY OUT | 出厂设置 | V＋调节 | |
| COLOR SYSTEM | 彩色制式 | V＋/V－调节 | |
| SOUND SYSYTEM | 声音制式 | V＋/V－调节 | |
| DEFAULT SND SYS | 搜台音音制式设置 | V＋/V－设置 | |
| PICTURE CURVE | 图像线性参数调整 | V＋/V－调节 | |
| SSC SETTING | 扩频参数设置 | V＋调节 | |
| SOUND CURVE | 音量线性参数调整 | V＋调节 | |
| DBC SETTING | 背光动态控制 | V＋调节 | |
| DEBUG | 调试信息控制 | V＋调节 | |
| INFO | VGA 信息 | V＋调节 | |
| VIDEO DECODER | DECODER 控制寄存器 | V＋调节 | |
| 白平衡 | 白平衡控制寄存器 | V＋/V－调节 | |
| 低音 | 低音设置 | V＋/V－调节 | |
| 高音 | 高音设置 | V＋/V－调节 | |

## 2. 长虹 LT32710 型（LS23 机芯）液晶彩电工厂模式的进入与调试

| 项 目 | 内 容 | 默 认 值 | 备 注 |
|---|---|---|---|
| SOURCE | 当前信号源，V+/V－调节 | TV | （1）工厂菜单的进入方法：使用遥控器 RP57B，进入静音状态，在主菜单显示期间依次按"7"、"2"、"1"、"7"四个键，将进入工厂模式（2）调整方法：操作人员直接按 P+/P－可以选择调节项目，按 V+/V－进行调节或者进入下级菜单（3）退出方法：按工厂模式的 11 项 "EXIT"键，退出工厂模式 |
| VOLUME | 当前音量，V+/V－调节 | 50 | |
| BALANCE | 左右声道平衡度 | 50 | |
| COLOR SYSTEM | 可在 AUTO/PAL/NTSC/SECAM 中选择，V+/V－调节 | AUTO | |
| SOUND SYSTEM | 可在 D/K,M,BG,I 中选择，V+/V－调节 | D/K | |
| AUTO SCAN | TV 源下自动搜索 | > | |
| CLEAR EEPROM | 清空 E²PROM，非必要不要调动 | > | SYSTEM 菜单第 1 项的屏参调整，若非必须不要调整，由于软件支持 LVDS 和 RSDS 两种格式输出，调整屏参可能导致屏点不亮 |
| SYSTEM | 可进入系统调试菜单 | > | |
| WHITE BALANCE | 可进入白平衡调试菜单 | > | |
| D MODE | 进入 D MODE 调试菜单 | > | |
| EXIT | 退出工厂模式 | | |
| VERSION | 软件版本 | | |
| | 软件生成日期 | AUG 12 2008 | |
| PANEL TYPE | | QM-R-32 | |
| LOGO VALID | 开机 LOGO 状态设置，默认为 1 | 1/0 | |
| BL VALID | 背光调节设置，默认为 1 | 1/0 | |
| LS VALID | 环境光调节，默认为 1 | 1/0 | |
| HVSYNC PATCH | 行场同步测试功能是否可用开关，默认为 1 | 1/0 | |
| POWER MODE | 通电开机方式设置，默认为 TWICE | TWICE/ONCE/MEM | |
| DEF LANG | OSD 默认入语言设置，默认为 CHINESE | CHINESE/ENGLISH | |
| DEF SND SYS | 默认声音制式设置，默认为 DK | DK/M/BG/I | |
| CHANNEL BLACK | PC 源自动校正，默认为 1 | 1/0 | |

## 3. 长虹 LT42710 型（LS20A 机芯）液晶彩电工厂模式的进入与调试

| 项　目 | 内　　容 | 默　认　值 | 备　注 |
|---|---|---|---|
| ADC COLOR | ADC校正 | V+ | YPBPR/PC下需要校正 |
| PANEL SEL | 屏参选择 | V+/V− |  |
| TURNER SEL | 高频头选择 | V+/V− |  |
| SERLAL SEL | 产品系列选择 | V+/V− | 866/900 指示灯不同 |
| LOGO ENABLE | 是否显示LOGO | V+/V− | 在YPBPR,PC下起作用 |
| POWER MODE | 上电模式 | V+/V− | MEMORY |
| SURROUND | 环绕声 | V+/V− | 开/关 |
| VOLUME | 音量调节 | V+/V− | 步长为10 |
| BALANCE | 平衡调节 | V+/V− | 步长为50 |
| AUTO SEARCH | 自动搜台 | V+ |  |
| INIT EEPROM | 初始化 E²PROM | V+ |  |
| ENTER DMENU | 进入设计模式 | V+ |  |
| FACTORY OUT | 出厂设置 | V+ | 做出厂设置并退出 M 模式 |
| COLOR SYSTEM | 彩色制式 | V+/V− | TV有效 |
| SOUND SYSYTEM | 声音制式 | V+/V− | TV有效 |
| PICTURE CURVE | 图像线性参数调整 | V+ |  |
| SSC SETTING | 扩频参数调整 | V+ |  |
| SOUND CURVE | 音量线性参数调整 | V+ |  |

备注栏（整体说明）：

（1）工厂菜单的进入方法：在TV模式下将音量减到0，按住遥控器的静音键3s后再按本机菜单键，即可进入工厂模式。

（2）调整方法：操作人员选择项目，按 P+/P− 可以选择调节项目，按 V+/V− 进行调节或者进入下级菜单

（3）退出方法：在正常工作状态下，按遥控 POWER 或本机键 POWER，进入 STANDBY 状态下，即可解除工厂模式。

## 4. 长虹 LT42866FHD 型（LT16 机芯）液晶彩电工厂模式的进入与调试

| 项目 | 内容 | 默认值 | 备注 |
| --- | --- | --- | --- |
| VERSION | 版本号 | LTC16-MXX-V0.03-WP | （1）工厂菜单的进入方法：在 TV/AV 菜单下，快速顺序按遥控器的"7，演示，9，扫描"键进入工厂模式 |
| CURRENT SOURCE | 当前信号源，V+/V−调节 | TV | |
| VOLUME | 当前音量，V+/V−调节 | 51 | |
| BALANCE | 左右声道平衡度 | 0 | |
| CLEAR EEPROM | 清空 E²PROM，非必要不要调动 | — | |
| AUTO SEARCH | 自动搜索，TV 源下（当前无效） | | |
| COLOR SYSTEM | 设置图像制式，可在 PAL/NTSC/SECAM 中选择，V+/V−调节 | | （2）调整方法：此时按菜单键可进入工厂模式调试菜单，操作人员直接按 P+/P−可以选择调节的项目，按 V+/V−进行调节或者进入下级菜单 |
| SOUND SYSTEM | 设置声音制式，可在 D/K,M,I,BG,I 中选择，V+/V−调节 | | |
| BACK LIGHT | 背光亮度调整，0~100 范围 V+/V−调节 | | |
| SYSTEM | 可进入下一级调试菜单 | | |
| SOURCE SELECT | 可进入信号源预置选择菜单 | | |
| WHITE BALANCE | 可进入白平衡调试选择菜单 | | |
| QUIT | 退出工厂模式 | | |
| LOGO | 开机 LOGO 状态，V+/V−调节 | ON/OFF | （3）退出方法：退出总线状态是总线的12项"QUIT"退出 |
| PANEL TYPE | 设置适合液晶屏的分辨率，V+/V−调节 | 1080P/WXGA120/WXGA | |
| MODULE SELEC | 内置模块选择，V+/V−选择 | DMP/PVR/DTV | |
| POWER ON MODE | 通电开机方式设置，V+/V− | TWICE/MEMORY/ONCE | |
| DEFAULT LANGUAGE | OSD 默认语言设置，V+/V−调节 | CHINESE/ENGLISH | |
| DEFAULT SOUNDSYS | 默认声音制式设置，V+/V− | DK/M/BG/I | |
| LVDS MAPPING | 屏参选择 | LG42-1080P-U2 | |
| PIP SWITCH | PIP 功能开关 | ON/OFF | |
| AL SWITCH | 软件环境光感应功能开关 | ON/OFF | |
| LVDS SPRED | LVDS 扩频设置 | HIGH/MID/LOW/OFF | |
| BM-VALID | 电影增强功能开关 | ON/OFF | |

## 5. 长虹 LT3712 型（LT10 机芯）液晶彩电工厂模式的进入与调试

| 项目 | 内容 | 备注 |
| --- | --- | --- |
| 7117-BRI | SAA7117 副亮度（请勿随意调整） | 调整 SAA7117 副亮度 |
| 7117-SAT | SAA7117 饱和度（请勿随意调整） | 调整 SAA7117 副饱和度 |
| 7117-CON | SAA7117 对比度 | 调整 SAA7117 副对比度 |
| PIP7115-BRI | SAA7115 副亮度 | （1）工厂菜单的进入方法①在 TV 模式下的主菜单中进入童锁菜单项，按 OK 调出密码输入框；②再通过遥控器，按如下顺序输入：数字键 7，红色键，数字键 9，蓝色键即可进入工厂模式菜单 |
| PIP7115-SAT | SAA7115 副饱和度 | （2）调整方法：每个调节项目都有唯一的索引号与之对应，操作人员直接按数字键或按 P+/P- 可以选择调节的项目 |
| PIP7115-CON | 7115 对比度 | （3）退出方法：在正常工作状态下，按遥控 POWER 或本机键 POWER 键，进入 STANDBY 状态下，即可解除工厂模式 |
| WHITE BALANCE | 白平衡（请勿随意调整） | |
| ACE OFFSET | 暗平衡（请勿随意调整） | |
| AUTO COLOR | SAA7115 自动校正 | |
| ADC AUTO | MST5151 自动校正 | |
| SALESFOR | SALESFOR | |
| BALANCE | 声音平衡 | 调整的值 50，-50.0 |
| VOLUME | 音量大小 | 步长为 10 |
| SOUND SYSTEM | 声音制式 | DK/I/BG/M |
| AUTO SEARCH | 自动搜索 | 信号源为 TV |
| GOLD RATIO | 黄金比预置 | 1 代表预置 |
| CLEAR EEPROM | 初始化 EEPROM | 将存储的数据初始化 |
| D MODE | 进入设计模式（请勿随意调整） | 可调整设计模式所有参数 |
| FACTORY OUT | 初始化 | 出厂设置 |
| PC LINK | 通信选择 | DEBUG TOOL 通信选择 |

## 6. 长虹 LT4018 型（LS08 机芯）液晶彩电工厂模式的进入与调试

| 项 目 | 内 容 | 默 认 值 | 备 注 |
|---|---|---|---|
| HWUC-BRI | UOCIII 副亮度（请勿随意调整） | 调整副亮度 | （1）工厂菜单的进入方法：① 在 TV 模式下的主菜单中进入童锁菜单项，按 OK 调出密码输入框；② 再通过遥控器，按如下顺序输入：数字键 7，红色键，数字键 9，蓝色键即可进入工厂模式菜单 |
| HWUC-SAT | UOCIII 饱和度（请勿随意调整） | 调整副饱和度 | |
| HWUC-CON | UOCIII 对比度（请勿随意调整） | 调整副对比度 | |
| HWUC-AGC | UOCIIIAGC（请勿随意调整） | 调整 AGC | |
| PIPBRIGHTNESS | 7115 副亮度（请勿随意调整） | 调节时打开子画面 | |
| PIVGAONTRAST | 7115 对比度（请勿随意调整） | 调节时打开子画面 | |
| BALANCE | 声音平衡 | 调整的值 50，-50，0 | （2）调整方法：每个调节项目都有唯一的索引号与之对应，操作人员直按数字键或按 P+/P- 可以选择调节的项目 |
| VOLUME | 音量大小 | 步长为 10 | |
| SOUND SYSTEM | 声音制式 | DK/I/BG/M | |
| AUTO SEARCH | 自动搜索 | 信号源为 TV | |
| WHITE BALANCE | 白平衡 | | |
| AUTO COLOR | 自动颜色校正 | 信号源 VGA/Y PBPR/TV | |
| DVD | DVD 预置 | 1 代表预置 | |
| BBE | BBE 预置 | 1 代表预置 | （3）退出方法：在正常工作状态下，按遥控 POWER 或本机 POWER 键，进入 STANDBY 状态下，即可解除工厂模式 |
| TRUSURROUND | TRUSURROUND 预置 | 1 代表预置 | |
| SALESFOR | SALESFOR | 设置销售的国家 | |
| FACTORY OUT | 初始化（请勿随意调整） | 出厂设置 | |
| GOLDRATIO | 黄金比预置 | | |
| CLEAREEPROM | 初始化 EEPROM | 将存储的数据初始化 | |
| D MODE | 进入设计模式（请勿随意调整） | 可调整设计模式所有参数 | |
| DPF | DPF 预置 | 1 代表预置 | |
| BBE-CONT | BBE 增益设置 | 调整 BBE 增益 | |
| BBE-PROC | BBE 增益设置 | 调整 BBE 增益 | |
| NEWCOM | 新视通设置 | 1 代表预置 | |

## 7. TCL L46M61R型液晶彩电工厂模式的进入与调试

| 项　目 | 内　容 | 默　认　值 | 备　注 |
|---|---|---|---|
| FACTORY-HOTKEY | 工厂快捷键开关。生产线调试完毕后设置为"关"状态 | 关 | CONFIG 项 |
| POWER ON MODE | ALWARS ON：交流上电开机；STAND BY：交流上电后待机；LAST TIME：交流上电后保持上次关机状态 | ALWAYS ON | |
| AGC | AGC 起控点（请勿随意调整） | 16 | |
| OVERMODULE | 声音过调制调节（请勿随意调整） | 1 | |
| TVPRESCALE | 补偿 TV 端的增益（请勿随意调整） | 95 | |
| SSC | 展频（请勿随意调整） | 3 | 进入工厂菜单 ADC ADJUST 选项：选中需调试的信号源，再选择 GAIN AUTO，在遥控器上的"音量加"键，自动校正通道增益 |
| R OFFSET | 红通道偏移 | 127 | |
| G OFFSET | 绿通道偏移 | 127 | |
| B OFFSET | 蓝通道偏移 | 127 | |
| R GAIN | 红通道增益 | 127 | |
| G GAIN | 绿通道增益 | 127 | |
| B GAIN | 蓝通道增益 | 127 | |
| BRIGHT0 | 亮度调整（请勿随意调整） | 77 | PICTURE CURVE 功能：图像亮度、对比度调试 |
| BRIGHT1 | 亮度调整（请勿随意调整） | 78 | |
| BRIGHT25 | 亮度调整（请勿随意调整） | 102 | |
| BRIGHT50 | 亮度调整（请勿随意调整） | 127 | |
| BRIGHT100 | 亮度调整（请勿随意调整） | 165 | |
| CONTRAST0 | 对比度调整（请勿随意调整） | 77 | |
| CONTRAST1 | 对比度调整（请勿随意调整） | 78 | |
| CONTRAST25 | 对比度调整（请勿随意调整） | 102 | |
| CONTRAST50 | 对比度调整（请勿随意调整） | 127 | |
| CONTRAST100 | 对比度调整（请勿随意调整） | 165 | |

工厂菜单的进入方法：①TV信源下，将音量减小到 0，再进入菜单，将光标停在对比度一项上，然后按 9735（任意情况下有效）；②直接按返回键（工厂菜单中看得到）（工厂菜单中 CONFIG-FACTORY HOTKEY 为"开"时有效）

续表

| 项目 | 内容 | 默认值 | 备注 | |
|---|---|---|---|---|
| R GAIN | 红通道增益 | 128 | WB(白平衡)功能:色温调试 | 工厂菜单的进入方法:①TV信源下,将音量减小到0,再进入菜单,将光标停在对比度一项上,然后按有9735(任意情况下有效);②直接按返回看键(工厂菜单中CONFIG-FACTO-RY HOTKEY 为"开"时有效) |
| G GAIN | 绿通道增益 | 128 | | |
| B GAIN | 蓝通道增益 | 128 | | |
| R OFFSET | 红通道偏移 | 10 | | |
| G OFFSET | 绿通道偏移 | 10 | | |
| B OFFSET | 蓝通道偏移 | 10 | | |
| VERSION | 软件版本相关信息 | — | | |
| RESET USER DATA | 复位到出厂默认值 | — | | |
| FAC. CHAN NEL INIT | 工厂信号预置 | — | PRODUCTING | |
| SYSTEM DATA INIT | 复位到系统默认认值(请勿随意调整) | — | | |
| WARM UP | 老化模式 | 关 | | |

## 8. TCL LCD FLI2200 型机芯液晶电视工厂模式的进入与调试

| 项目 | 内容 | 备注 |
|---|---|---|
| POWER | 开机状态 | (1)进入工厂菜单方法:进入主菜单,按"节目减"键选中特殊功能一项,再按密码9,7,3,5进入工厂菜单 (2)退出方法:将工厂菜单中FAC选项的值改为ON,则退出菜单后,按显示键即可直接进入工厂菜单,再按该键,退出工厂菜单,此时按密码进入同样有效 应用机型:LCD2026,LCD1526 |
| SOURCE | 信源选择 | |
| DVICON | DVI功能选择 | |
| R | 红激励 | |
| G | 绿激励 | |
| B | 蓝激励 | |
| COLORTEMP | 色温值设定 | |
| COLDELAY | 彩色延时值 | |
| TVGAMA | GAMA校正值 | |

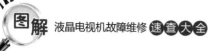

续表

| 项　目 | 内　容 | 备　注 |
|---|---|---|
| YDELAY | Y延时值 | (1)进入工厂菜单方法：进入主菜单，按"节目减"键选中特殊功能一项，再按密码9,7,3,5进入工厂菜单<br>(2)退出方法：将工厂菜单中FAC选项的值改为ON，则退出菜单后，按显示键即可直接进入工厂菜单，再按该键，退出工厂菜单，此时按密码进入同样有效<br>应用机型：LCD2026、LCD1526 |
| FAC | 工厂快捷键开关 | |
| CORE | 核陷值 | |
| BLKSTRET | 黑电平延伸值 | |
| NILINER | 非线性值 | |
| STEEP | 步进值 | |
| LINE | 线宽值 | |
| FFI | PLL速度 | |
| FOA | 锁相速度 | |
| FOB | 锁相速度 | |
| X1 | 声音曲线值 | |
| Y1 | 声音曲线值 | |
| X2 | 声音曲线值 | |
| Y2 | TV预放大值 | |

## 9. 创维42L88IW型液晶电视工厂模式的进入与调试

| 项　目 | 内　容 | 默认值 | 备　注 |
|---|---|---|---|
| SYSTEM SETTING | 系统设置 | | (1)进入工厂菜单的方法：①按遥控板上的INPUT键；②按遥控板上数字键"3"、"1"、"3"、"8"输入口令<br>(2)退出工厂模式方法：按电源键关掉电视 |
| CLEAR EEPROM | 清空EEPROM | | |
| AGING MODE | 老化开关 | | |
| ADC ADJ | ADC校正 | YPBPR、PC下有效 | |
| PICTURE MODE | 图像模式 | 分通道调整，各通道下有STANDARA、SOFT、VIVID、USER | |

续表

| 项目 | 内 容 | 默认值 | 备 注 |
|---|---|---|---|
| SOUND MODE | 声音模式 | | 分通道调整,各通道下有 THEATER, MUSIC, US-ER,NEWS |
| COLOR TEMP | 色温 | | 分通道调整,各通道下有 NORMAL,WARM,COLD |
| EEPROM ADJUST | | | |
| NON LINEAR | | | |
| MULTHANGUAGE | 多国语言 | | |
| SSC SETTING | 频谱扩展设置 | | 为后续 EMC 参数调整预留 |
| FACTORYIR | 工厂遥控器开关 | | |
| SOURCE | 信号源转换 | | 选择信号源 |
| POWER MODE | 一、二次开机模式开关 | 开机模式 | |
| LOGO | LOGO开关 | OFF | |
| AGC | 自动增益控制 | 16 | |
| USB | USB开关 | OFF | |
| DVD | DVD开关 | OFF | |
| BLACK SCREEN | 换台或换源黑屏开关 | ON | |
| OSDSIZE | 菜单大小 | 2TIMES | |
| H-OVERSCAN | 行幅 | 51 | |
| V-OVERSCAN | 场幅 | 30 | |
| H-CAPTION | 行中心 | 135 | |
| V-CAPTION | 场中心 | 130 | |
| TURNOFFPANEL | 换台或换源关闭屏电开关 | OFF | |

(3)工厂菜单设置方法:①操作者可以通过P+和P-键选择设置项目,字体有背景显示代表该项目已被选定。按V+进入子目录。使用P+和P-键向上或向下选择,并使用V+和V-键来设定。②工厂模式下,大部分菜单功能都是打开的,如果需要,可以使用菜单进行项目检查和效果测试。③在工厂模式下可以直接通过数字键转换电视信号。按"静音"键,回到主目录,按"退出"键退出工厂模式

续表

| 项　目 | 内　　容 | 默认值 | 备　注 |
|---|---|---|---|
| BACKLIGHT | 背光调整 | 40 | |
| SOURCR | 显示当前信号源 | TV | |
| PICTUREMODE | 选择图像模式进行调整 | USER | |
| CONTRAST | 不需要调整 | 50 | |
| BRIGHTNRSS | 不需要调整 | 50 | |
| SATURATION | 不需要调整 | 50 | |
| SHARPNESS | 不需要调整 | 50 | |
| SOURCE | 显示当前信号源 | TV | |
| SOUND MODE | 选择声音模式 | NEWS | |
| BASS | 不需要调整 | 30 | |
| TREBLE | 不需要调整 | 40 | |
| SOURCE | 显示当前信号源 | TV | |
| COLOR TEMP | 不需要调整 | NORMAL | |
| R GAIN | 不需要调整 | 128 | |
| G GAIB | 不需要调整 | 128 | |
| B GAIN | 不需要调整 | 128 | |
| R OFF | 不需要调整 | 128 | |
| G OFF | 不需要调整 | 128 | |
| B OFF | 不需要调整 | 128 | |
| CONTRAST | 不需要调整 | 对比度 | |
| BRIGHTNESS | 不需要调整 | 亮度 | |
| VOLUME | 不需要调整 | 音量 | |
| BASS | 不需要调整 | 低音 | |
| TREBLE | 不需要调整 | 高音 | |
| SATURATION | 不需要调整 | 饱和度 | |

## 10. 厦华 LC-32U25 型液晶电视工厂模式的进入与调试

| 项　目 | 默认值 | 备　注 | |
|---|---|---|---|
| HOTEL | 0 | 1—工厂 HOTEL OPTION 项可选；0—工厂 HOTEL OPTION 项可不选 | （1）进入工厂菜单方法：用遥控器 RC-Y19，依次按 "SLP 睡眠"、"DSP 屏显"、"MENU 菜单"、"DSP 屏显" 键即可进入工厂菜单（2）退出工厂模式方法：连续按 "MENU" 即可 |
| LOGO | 1 | 1—开机或无信号时显示 LOGO；0—不显示 LOGO | |
| ADC PRE SCALE | 00A | 根据不同功率要求调整 | |
| SIF PRE SCALE | 000 | 根据不同功率要求调整 | |
| BACK LIGHT | 13 | 根据不同屏调整 | |
| ALL COLOR | 1 | 1—各通道白平衡以 HDMI 的白平衡为基础自动作偏移量；0—各通道白平衡在基础偏移量的基础上可单独调整 | |
| NO STANDY | 0 0 | 01—上电直接开机；00—记忆开机；10—上电进入待机 | |
| INIT VOLUME | 0~100 | 开机音量 | |
| INIT CHANNEL | 1~200 | 开机频道 | |
| EEPROM—MEMORAY RECALL | < | EEPROM 初始化（仅在 EEPROM 数据混乱时操作） | |
| INIT SRC | 节目源 | 开机通道 | |

341

# 二、典型电路原理图参考

## 1. TCL MS28 机芯电路图（附图 2-1）

POWER PART

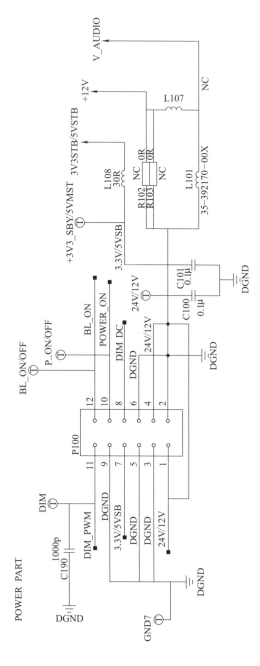

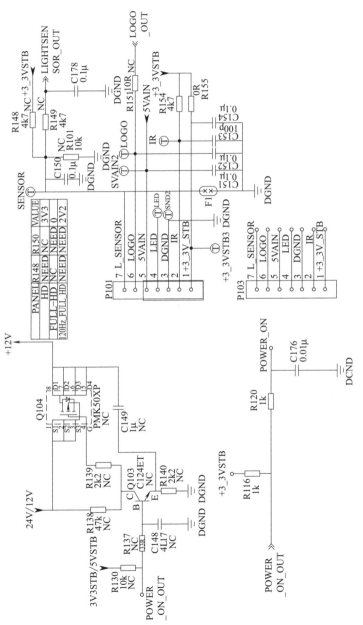

附图 2-1　TCL MS28 型机芯电路图

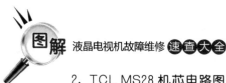

液晶电视机故障维修 速查大全

## 2. TCL MS28 机芯电路图（附图 2-2）

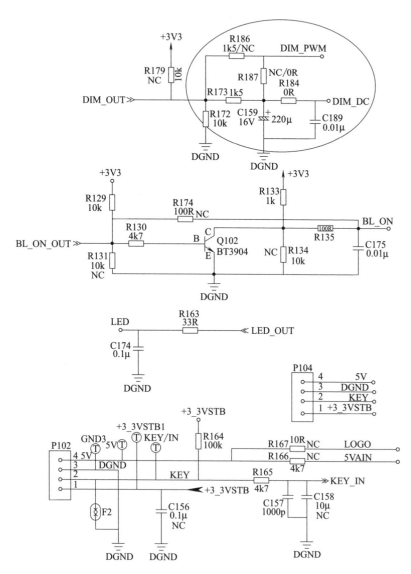

附图 2-2　TCL MS28 机芯电路图

## 3. TCL MS28 机芯电路图（附图 2-3）

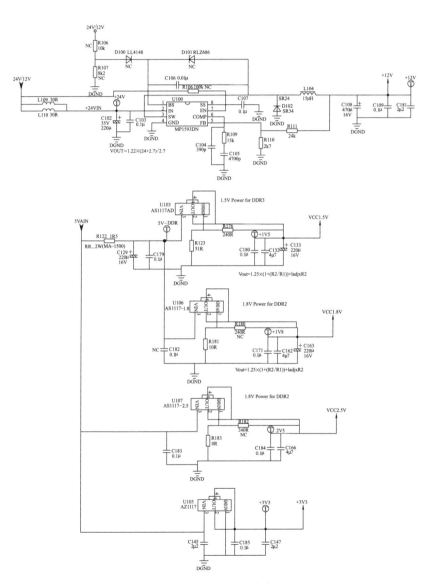

附图 2-3　TCL MS28 机芯电路图

## 4. TCL MS28 机芯电路图（附图 2-4）

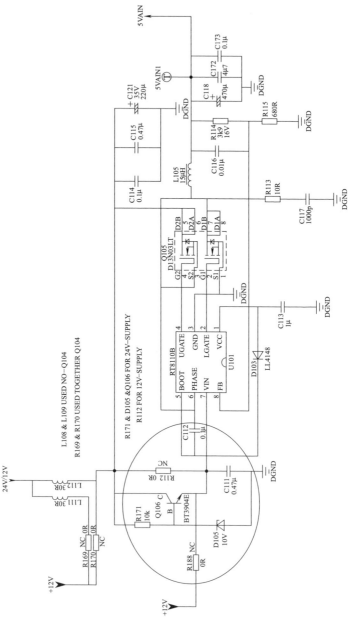

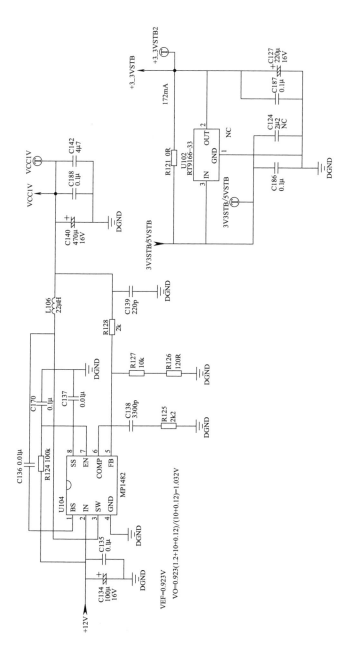

附图 2-4 TCL MS28 机芯电路图

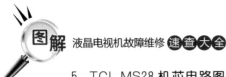

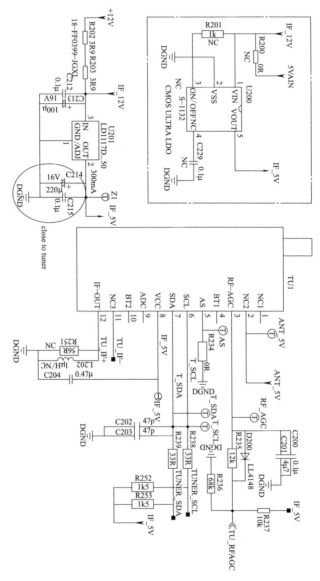

## 5. TCL MS28 机芯电路图（附图 2-5）

附图 2-5　TCL MS28 机芯电路图

## 6. TCL MS28 机芯电路图（附图 2-6）

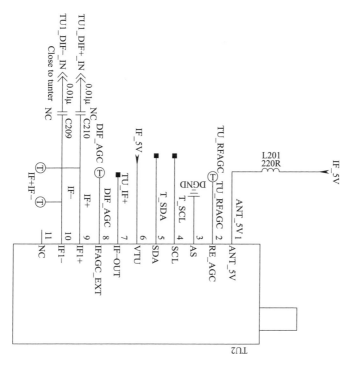

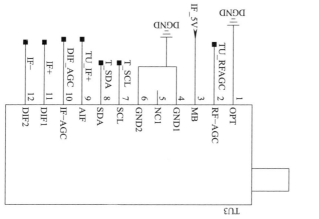

附图 2-6　TCL MS28 机芯电路图

## 7. TCL MS28 机芯电路图（附图 2-7）

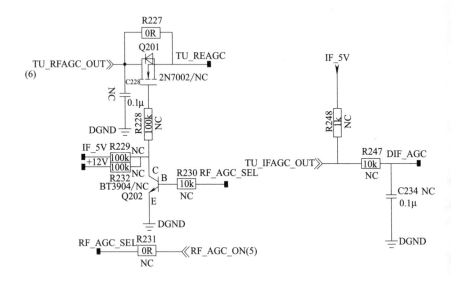

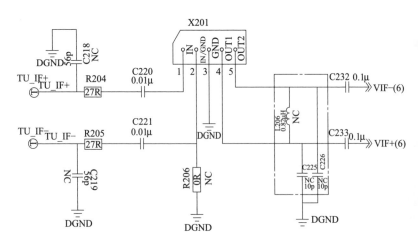

附图 2-7　TCL MS28 机芯电路图

8. TCL MS28 机芯电路图（附图 2-8）

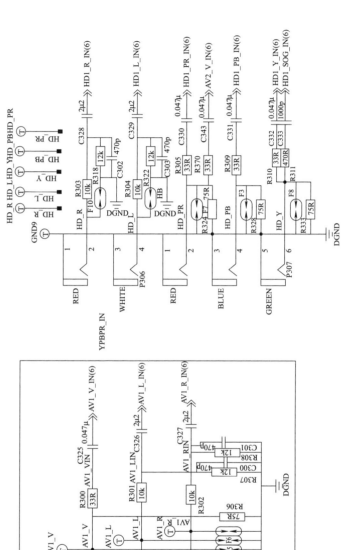

附图 2-8

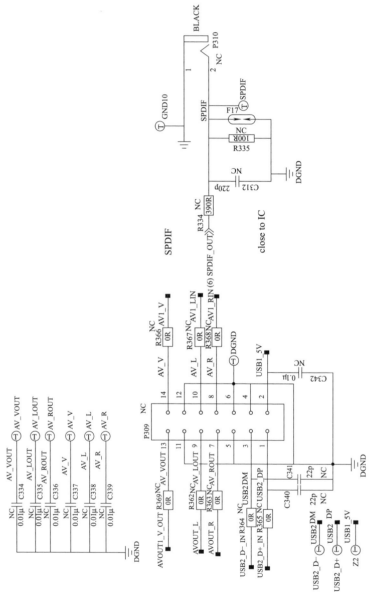

附图 2-8 TCL MS28 机芯电路图

## 9. TCL MS28 机芯电路图（附图 2-9）

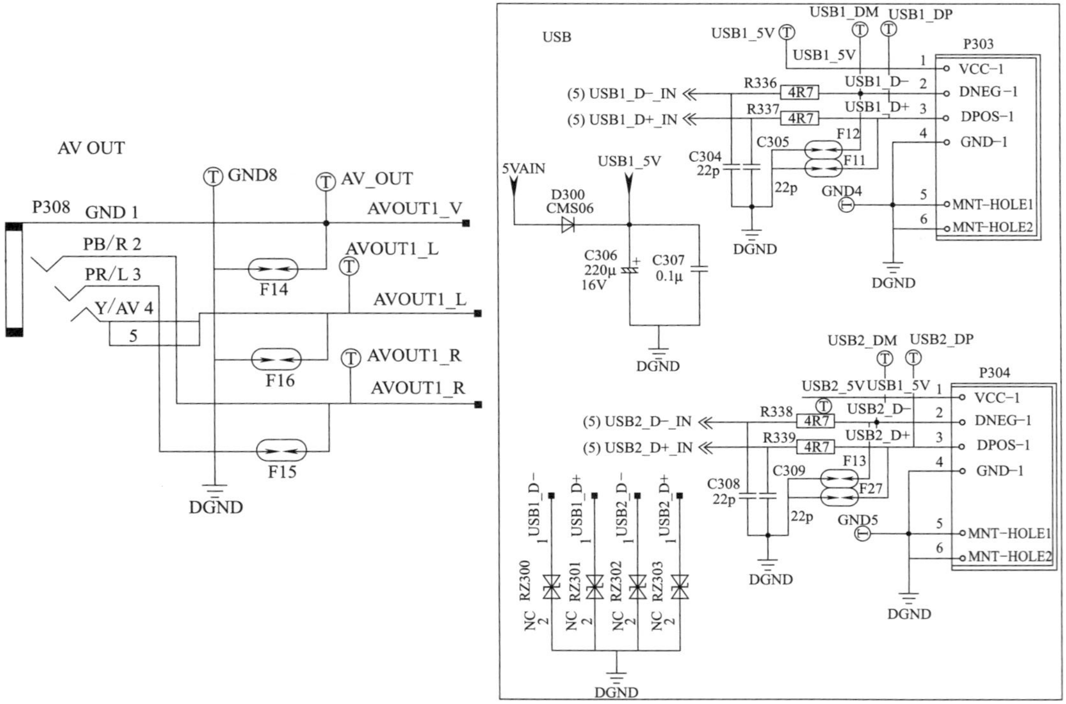

附图 2-9

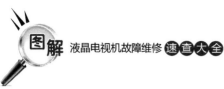

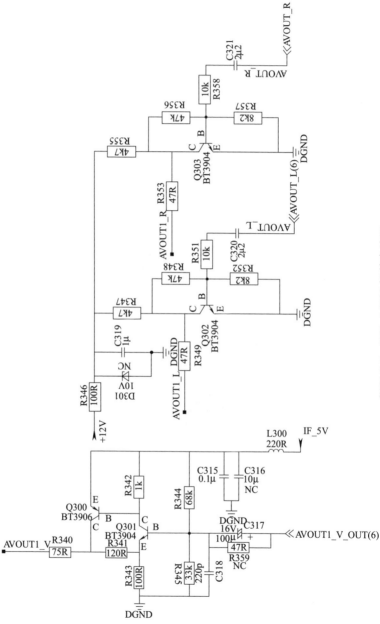

附图 2-9 TCL MS28 机芯电路图

354

## 10. TCL MS28 机芯电路图 (附图 2-10)

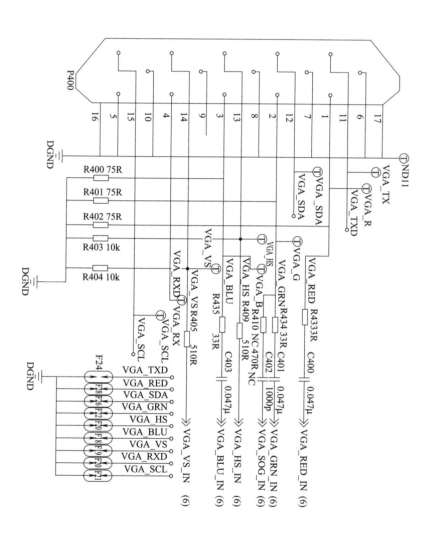

附图 2-10

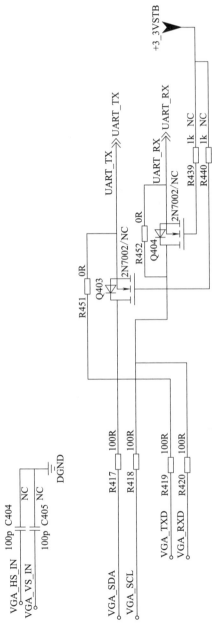

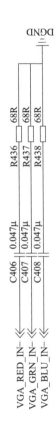

附图 2-10  TCL MS28 机芯电路图

## 11. TCL MS28 机芯电路图（附图 2-11）

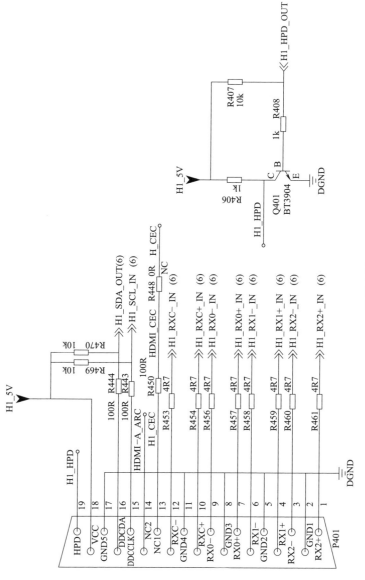

附图 2-11

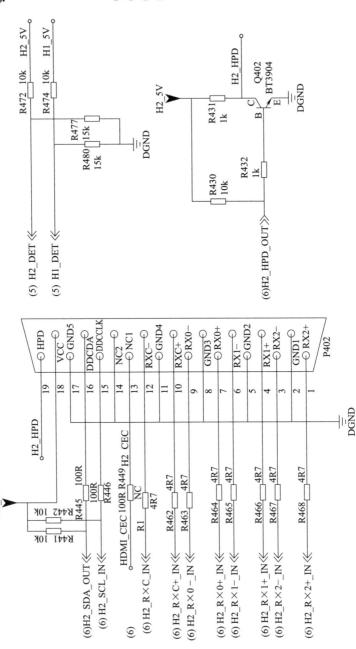

附图 2-11　TCL MS28 机芯电路图

## 12. TCL MS28 机芯电路图 (附图 2-12)

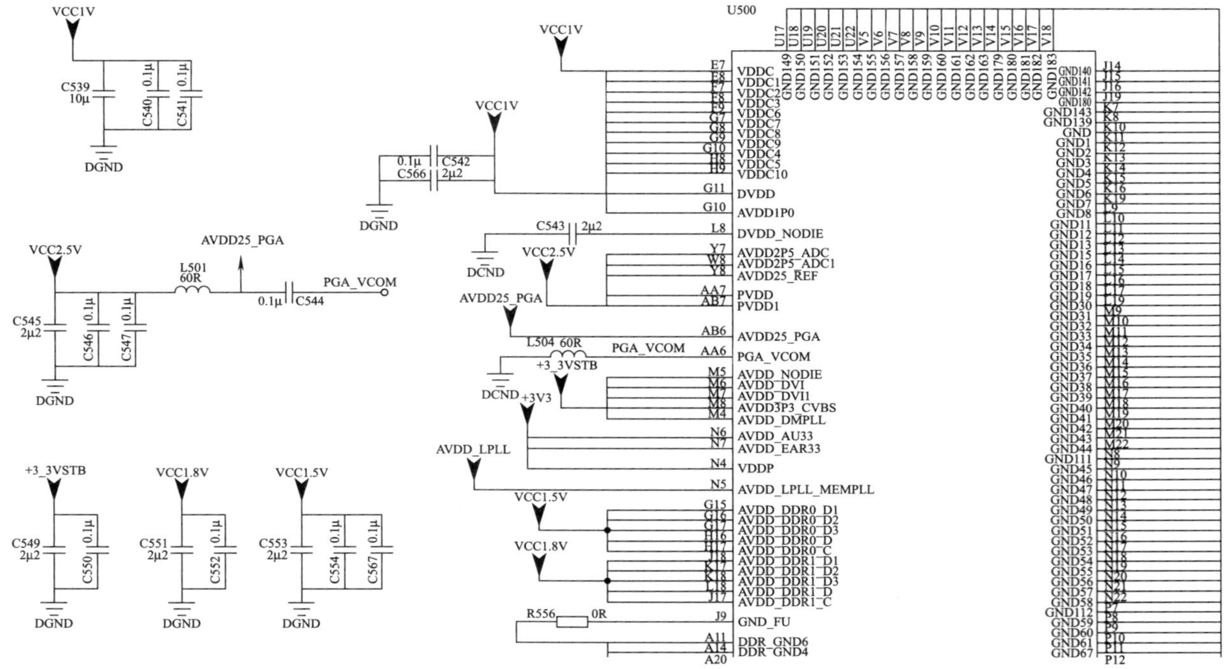

附图 2-12

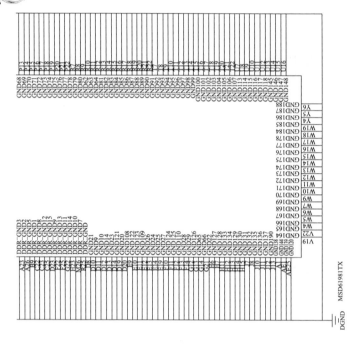

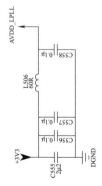

附图 2-12 TCL MS28 机芯电路图

## 13. TCL MS28 机芯电路图（附图 2-13）

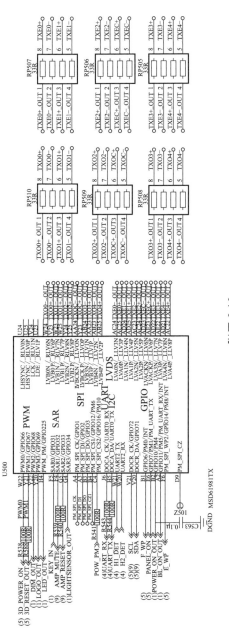

附图 2-13

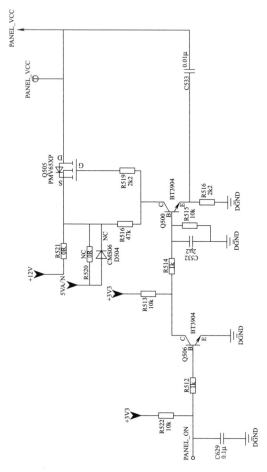

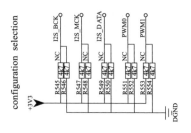

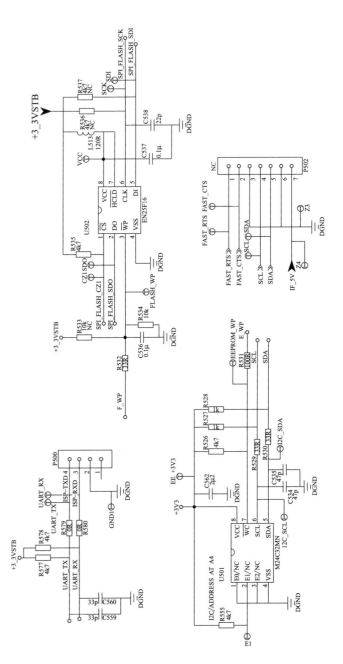

附图 2-13  TCL MS28 机芯电路图

363

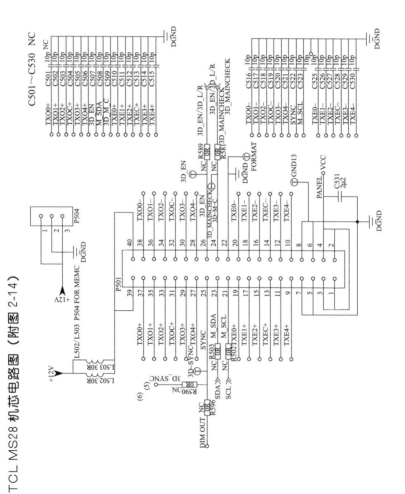

14. TCL MS28 机芯电路图 (附图 2-14)

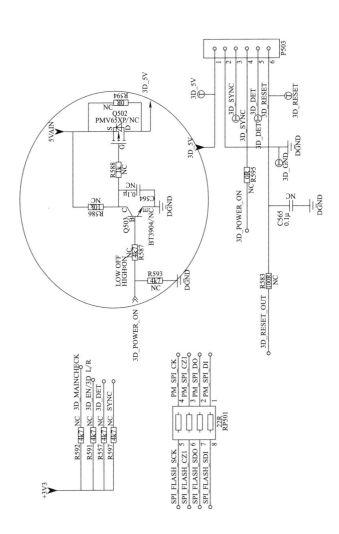

附图 2-14 TCL MS28 机芯电路图

## 15. TCL MS28 机芯电路图（附图 2-15）

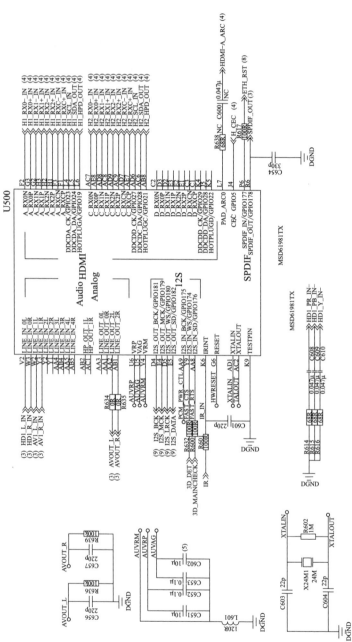

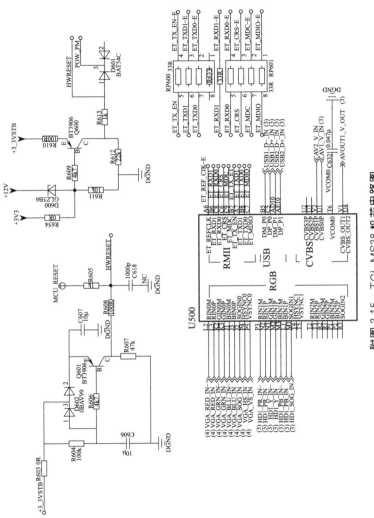

附图 2-15　TCL MS28 机芯电路图

367

16. TCL MS28 机芯电路图 (附图 2-16)

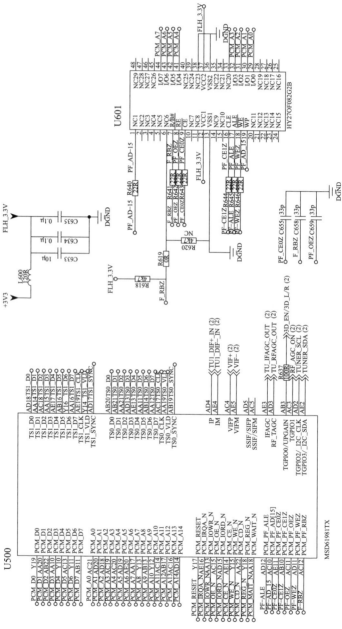

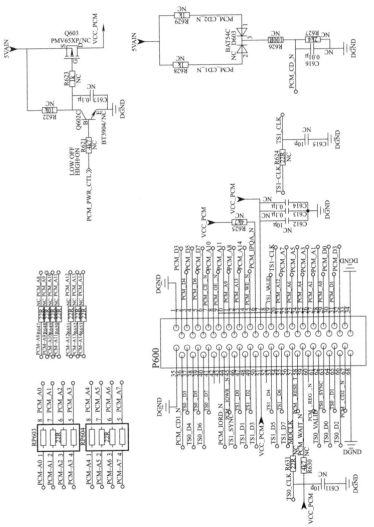

附图 2-16 TCL MS28 机芯电路图

17. TCL MS28 机芯电路图（附图 2-17）

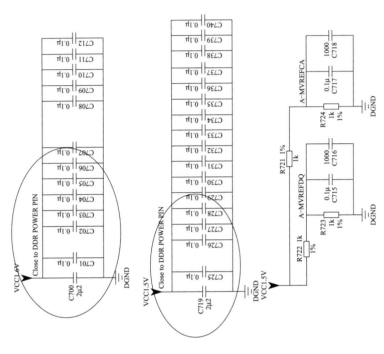

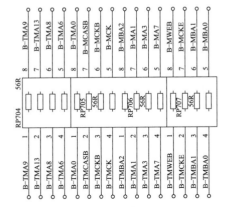

附图 2-17 TCL MS28 机芯电路图

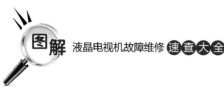

18. TCL MS28 机芯电路图 (附图 2-18)

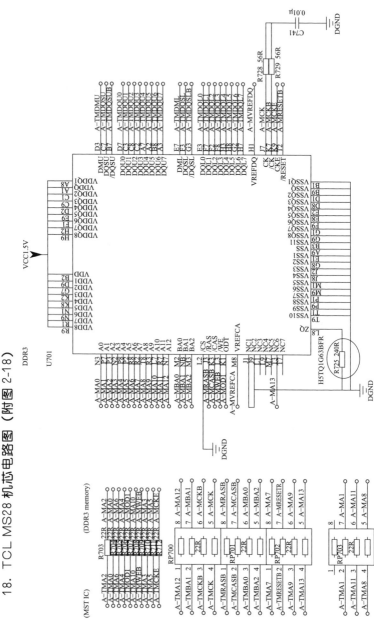

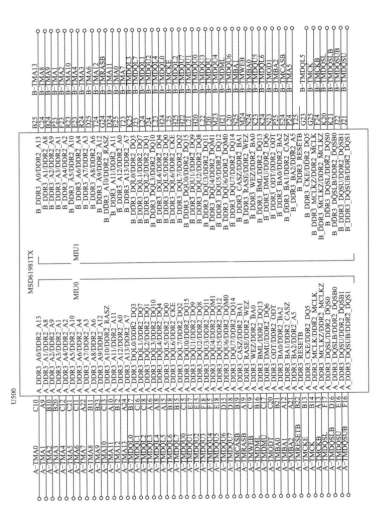

附图 2-18　TCL MS28 机芯电路图

## 19. TCL MS28 机芯电路图（附图 2-19）

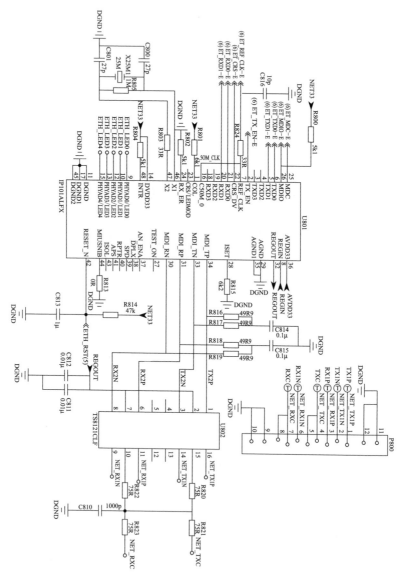

附图 2-19　TCL MS28 机芯电路图

## 20. TCL MS28 机芯电路图（附图 2-20）

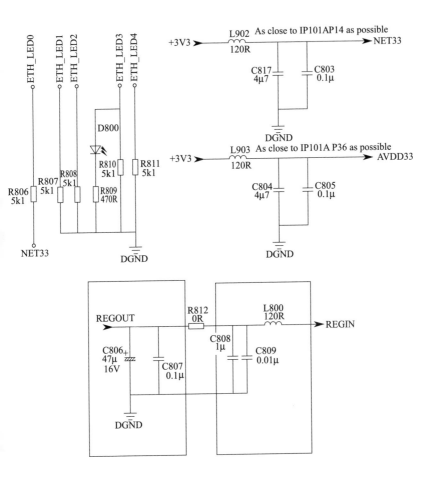

附图 2-20 TCL MS28 机芯电路图

21. TCL MS28 机芯电路图（附图 2-21）

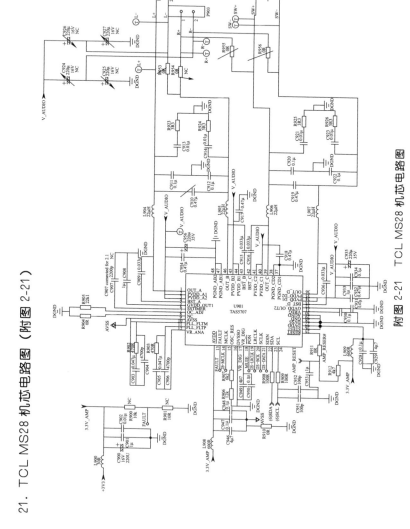

附图 2-21　TCL MS28 机芯电路图

## 22. TCL MS28 机芯电路图（附图 2-22）

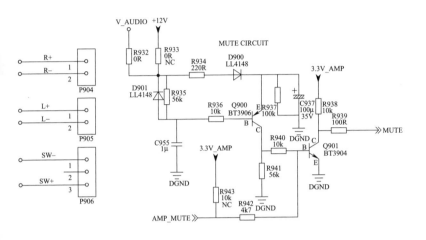

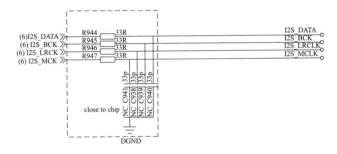

附图 2-22　TCL MS28 机芯电路图